KB107932

콘텐츠 제작 불변의 법칙

콘텐츠 제작 불변의 법칙

발행일   2023년 3월 6일

지은이   박명호
펴낸이   손형국
펴낸곳   (주)북랩
편집인   선일영   편집   정두철, 배진용, 윤용민, 김부경, 김다빈
디자인   이현수, 김민하, 김영주, 안유경, 한수희   제작   박기성, 황동현, 구성우, 배상진
마케팅   김회란, 박진관
출판등록   2004. 12. 1(제2012-000051호)
주소   서울특별시 금천구 가산디지털 1로 168, 우림라이온스밸리 B동 B113~114호, C동 B101호
홈페이지   www.book.co.kr
전화번호   (02)2026-5777   팩스   (02)3159-9637

ISBN   979-11-6836-754-8 03560 (종이책)   979-11-6836-755-5 05560 (전자책)

(주)북랩 성공출판의 파트너

북랩 홈페이지와 패밀리 사이트에서 다양한 출판 솔루션을 만나 보세요!

홈페이지 book.co.kr   •   **블로그** blog.naver.com/essaybook   •   **출판문의** book@book.co.kr

작가 연락처 문의 ▸ ask.book.co.kr

작가 연락처는 개인정보이므로 북랩에서 알려드릴 수 없습니다.

유튜브 셀프 브랜딩 노하우

콘텐츠 제작
불변의 법칙

박명호 지음

북랩

변하거나 죽거나

　세상이 너무 빠르게 변합니다. 디지털digital의 급부상으로 일상, 비즈니스, 교육환경 등 모든 것이 바뀌었습니다. 코로나 팬데믹으로 미래가 수십 년은 더 빠르게 앞당겨진 면이 있습니다. 온라인 수업이 대중화되고, 개인의 모든 삶이 데이터에 기록되고, 메타버스 공간에서 다양한 행사가 열리고, 극장보다 OTT산업이 커지고, 인공지능이 많은 일을 대체하는 시대… 과거에는 SF영화를 보면 먼 미래 이야기처럼 들렸는데, 지금은 그 미래가 코앞에 와있다는 생각이 듭니다. 아날로그의 영역은 점점 줄어들고, 온 세상이 디지털화 되어가고 있습니다.

　급변하는 흐름 속에서 준비하고 적응하는 사람도 있는 반면, 전혀 대응하지 못하고 절망하는 사람도 있습니다. 아날로그 시대에 익숙한 사람들에게는 디지털 환경은 너무 낯설기만 합니다. 그렇다고 주저앉아 있기만 할 건가요? 새로운 시대에 맞게 자신을 바꾸고 혁신해보는 건 어떨까요? 변화하지 않는 사람은 도태되고 한없이 밀려나게 됩니다. 변화의 과정이 잠시는 이방인처럼 느껴지고, 병아리가 알을 깨고 나오는 것처럼 고통스러울 수 있지만, 잠시의 고통을 이겨내면 엄청난 성장을 할 수 있습니다.

디지털 시대에 콘텐츠 제작은 더 중요합니다. 그것이 성취감을 넘어서 비즈니스가 되고, 수익창출까지 가능하기 때문입니다. 그 일이 가능해지는 데 유튜브YouTube라는 플랫폼이 큰 역할을 하고 있죠. 유튜브 채널의 브랜드화에 성공한 개인들은 디지털 시대에 가장 큰 혜택을 누리고 있습니다. 어떤 개인은 기업에 견줄 만큼 크게 성장합니다. 개인이 기업을 이기는 시대입니다. 디지털 환경은 부작용도 있으나 탈 중앙화를 가능케 하고, 세상의 민주화에 긍정적인 영향을 많이 주었습니다. 유통의 혁명을 가져와 한 개인의 콘텐츠로 무자본 창업이 가능해졌습니다. 유튜브는 단순히 놀이의 공간이 아니라, 비즈니스의 공간으로 성장해가고 있습니다.

유튜브 산업은 나날이 커집니다. 유튜브는 'You'와 'tube'의 합성 어입니다. 모든 개인이 자신의 방송국을 만들 수 있다는 것이죠. 그렇다고 제가 직업적인 유튜버를 양성하고자 하는 것은 아닙니 다. 유튜버를 넘어 개인이 브랜드가 되도록 돕는 것이 책의 목표 입니다. 그러기 위해서 콘텐츠를 만들어야 하는 것이죠. 유튜브 는 21세기 가장 혁명적이고 영향력이 큰 플랫폼입니다. 유튜브는 우리가 가진 모든 것이 콘텐츠가 될 수 있다는 것을 보여주었습 니다. 나의 일상, 나의 지식, 나의 말투, 나만의 취미, 나의 몸 등. 그 모든 것이 콘텐츠가 됩니다. 장비보다도 그 사람 자체가 가지 고 있는 콘텐츠가 더 중요한 것입니다. 보물 같은 콘텐츠를 가지 고 있는 사람은 스마트 폰 하나로도 큰 가치의 방송을 만들 수 있 습니다. 유튜브는 이제 포화상태이고, 레드오션이라고 이야기하 는 경우도 많지만, 여전히 좋은 콘텐츠를 만든 채널은 급부상을 하고 있습니다. 여전히 사람들은 기존에 없는 새로운 재미와 정보 를 주는 콘텐츠를 기다리고, 그것이 나타날 때 환영하는 분위기 입니다. 또 최근에는 틱톡TikTok이나 유튜브 숏츠YouTube Shorts와 같은 짧은 콘텐츠를 공유하는 플랫폼도 큰 인기입니다.

어느 디지털 플랫폼이든 크리에이터로 활동하기 위해서는, 나만의 콘텐츠를 찾아야 하고, 또 그것을 미디어를 통해서 표현하는 방법을 배워야 합니다. 그것이 처음에는 어렵게 느껴질 수 있지만, 저와 함께 공부한다면 좋은 성과가 나타날 수 있습니다. 그리고 이 책과 함께 제가 운영하는 유튜브 채널 '월간 작은숲'도 함께 보시면 영상 제작 매뉴얼을 더 잘 배울 수 있을 것입니다.

영상 콘텐츠의 트렌드는 계속 변하지만 분명 변하지 않는 법칙이 있습니다. 책을 통해 그것을 이야기하려고 합니다. 보통 인기 유튜버들은 개인의 매력은 뛰어나지만 사실 영상 콘텐츠에 대한 연구를 하는 사람은 아니죠. 하지만 저는 20년 전 영화학과에서 공부를 시작으로, 수많은 100여 편이 넘는 단편영화와 유튜브 콘텐츠 제작을 하고, 영상 미디어를 학문적으로 연구하기도 했습니다. 그런 점에서 더 깊이 있고, 또 실용적으로 적용할 수 있는 내용들을 담아내는 것이 가능했습니다. 부디 이 책과 함께 최고의 크리에이터로 거듭나고, 유튜버를 넘어 브랜드가 되는 사람이 많아지길 응원합니다.

작은숲 미디어교육연구소에서…

"최초의 아이디어는 너무 연약해서

물을 주고 햇빛을 주어야 자라난다."

스티븐 잡스

목차

Chapter 1. 기획, 실패하지 않는 아이디어를 찾는 법

Chapter 2. 매혹적인 스토리텔링의 기술

CONTENTS
PRODUCTION
CREATIVE

기획, 실패하지 않는 아이디어를 찾는 법

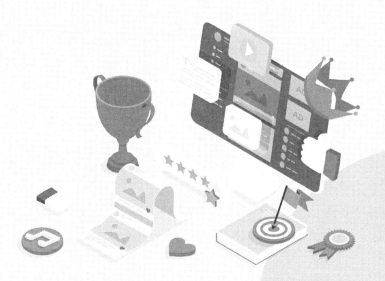

기획이 중요한 시대입니다. 과거에는 부족한 점이 있어도 1인 방송을 시작하면 주변에서 관심을 가져주었지만, 지금은 콘텐츠 포화 상태이다 보니 기획이 좋지 않은 영상은 전혀 주목을 받지 못합니다. 재미있고 유익한 콘텐츠만 보려고 해도 시간이 부족한 상황이기 때문이죠. 좋은 영상 플랫폼도 계속 늘어나고, 또 그 안에 담긴 콘텐츠의 질도 계속 높아집니다. 과거에는 넷플릭스와 유튜브가 동영상 플랫폼의 대명사였다면 지금은 셀 수 없을 만큼 많습니다. 최고의 제작자와 피디와 배우들이 힘을 합쳐 만들어진 재밌는 콘텐츠가 매일 업데이트 됩니다. 이런 상황에서 평범한 우리가 전제해야 할 것은 무엇을 시도하든 실패할 확률이 높다는 것입니다. 유능하게 실행해도 실패하게 됩니다. 종종 어떤 사람들은 이제 시작을 하면서 유명해질까봐, 혹은 악플이 달릴까봐 걱정하는 사람이 있습니다. 그건 너무 섣부른 걱정입니다. 그건 마치 이제 막 붓을 든 어린아이가 화가가 되면 반 고흐처럼 불행한 삶을 살게 될까봐 걱정하는 것과 같습니다. 그게 얼마나 어리석은 고민인지 아시겠죠? 지금 무언가를 시작하는 사람은 배우고 도전하는 마인드를 가져야 합니다. 빠르게 실행을 해보고, 실패하면 또 거기서 배우고 새롭게 시도를 해야 합니다. 그런 반복 속에서 비로소 좋은 기획을 할 수 있습니다.

그럼 기획의 첫 시작은 무엇으로부터 시작을 해야 할까요? 흰 도화지를 바라보며 무엇으로 채워나아갈지 결정하는 것이 쉽지 않습니다. 베테랑 작가들도 새롭게 글을 쓰는 것이 늘 어렵다고 고백합니다. 그런데 영상제작을 처음 시작하는 사람이라면 막연함 그 자체이겠죠. 그래서 이 장에서는 너무 어렵게만 느껴지는 콘텐츠 기획에 대한 이야기를 해보려 합니다.

콘텐츠 기획, 어디서 시작할 것인가

　우리는 대부분 완성된 결과물만을 보기 때문에 기획 단계에서 이루어지는 것을 잘 알지 못하고 심지어 과소평가하는 오류에 빠지곤 합니다. 하지만 대부분의 위대한 작품은 기획 단계에서 창작자가 오랜 시간 아이디어를 파고들고 숙성시킨 기간이 있었다는 것을 알 수 있습니다. 결코 쉽게 얻어지는 경우는 없는 것이죠. 2시간 영화의 경우에는 경우에 따라 다르겠지만, 최소 2~3년 정도의 긴 기획과 시나리오 과정을 거쳐 비로소 촬영을 하게 됩니다. 또 15초 광고 역시도 수개월에 걸쳐 기획안을 점검합니다. 유튜브 역시도 마찬가지입니다. 인기 있는 유튜브 채널을 보면 "나도 저 정도는 하겠다"라고 쉽게 생각하기도 하지만 알고 보면 그 분야의 엄청난 전문가이고, 잘하기 위해 많은 시간과 노력을 투자했다는 것을 알 수 있습니다. 그러므로 결과적인 화려함만 보고서 과정을 섣부르게 판단해서는 안 됩니다. 나의 분야에서 뾰족함이 드러날 때까지 실력을 갈고 닦아야 합니다.

　기획 단계가 영상 전체의 과정에서 어느 위치에 있는지 알아두면 좋습니다. 영상제작에서 기획 단계는 가장 처음에 이루어지는 단계입니다. 모든 영상제작 과정이 유사하겠지만 유튜브 역시도 기획 단계 - 대본 작성/영상콘티 - 장소 섭외 - 촬영 - 편집 - 업로드 단계를 거쳐서 완성이 됩니다. 그것을 세 단계로 구분하면 다음과 같습니다.

1) Pre-Production 단계: 기획, 시나리오, 콘티, 촬영장소 섭외, 캐스팅
2) Production 단계: 촬영
3) Post-Production 단계: 편집, 색보정, 오디오 믹싱

기획 단계는 이후의 프로젝트의 최초의 비전을 설정하는 단계입니다. 만약 그것이 빈약하다면 이후의 모든 과정은 헛수고가 되는 비극이 일어납니다. 종종 극장에서 100억 원을 들여서 만든 영화가 실망스러울 때면 안타까운 마음이 듭니다. 모든 스태프와 배우들이 피땀 흘려 촬영을 했을 텐데, 잘못된 기획으로 그 모든 수고가 헛수고가 되었기 때문이죠. 그래도 유튜브 콘텐츠 제작은 상대적으로 가볍게 움직일 수 있기 때문에 부담감은 덜합니다. 실패하고 재시도 하는 과정이 좀 더 자연스러울 수 있는 것이죠. 저는 영화 제작과 유튜브 제작을 둘 다 경험을 해보았기에 둘의 차이점이 명확하게 다가옵니다. 영화 제작은 오늘 기획을 하면 몇 년 후에나 완성본을 볼 수 있습니다. 반면 유튜브는 빠르게는 바

로 내일 결과물을 볼 수 있죠. 그런 호흡에는 차이가 있으나 본질적인 면에서는 크게 다르지 않습니다. 좋은 기획이 담긴 콘텐츠가 결국 좋은 결과를 만들어냅니다. 물론 기획이 좋다고 무조건 좋은 결과가 나오는 것은 아닙니다. 그 이후에도 변수가 많이 작용하기 때문이죠. 가장 큰 변수는 기술적인 문제일 것입니다. 촬영과 편집을 어떻게 하느냐에 따라서 결과물이 좌지우지될 수 있는 것입니다.

사실 콘텐츠를 제작함에 있어서 베스트는 여러 사람이 협업을 하는 일입니다. 서로 다른 재능이 있는 사람들이 모여서 힘을 합치면 좀 더 빠른 성과가 나타날 수 있겠죠. 하지만 유튜브 같은 경우에는 1인 방송으로 혼자서 시작하는 경우가 많습니다. 혼자서 기획과 제작을 다하는 일이 쉽지 않지만, 반대로 좀 더 빠르게 계획을 수정하고, 가볍게 실행할 수 있다는 장점이 있습니다. 보통 팀으로 작업할 경우 서로 신뢰하지 못하면 기획단계에서 앞으로 나가지 못하는 경우가 많습니다. 또 더 좋은 아이디어가 생겼는데, 변경 절차가 복잡해서 묻어두는 경우도 있죠. 하지만 1인 방송으로 움직일 때에는 그럴 염려가 없습니다. 프로젝트를 진행하면서 언제든지 수정 및 변경할 수도 있고, 또 갑자기 필feel을 받으면 당장 촬영을 실행할 수 있는 것입니다. 그럼 기획 단계에서는 무엇이 이루어질까요?

기획 단계에서는 영상에서 다룰 소재와 내용, 주제, 그리고 형식에 대해서 고민을 합니다. 어떤 테마를 다룰지, 그리고 어떤 내용을 담을지, 어떤 주제를 전달할지, 어떤 형식이나 장르를 채택할지를 고민해야 합니다. 그중에 유튜브 콘텐츠를 기획함에 있어서 형식이나 장르를 이해하는 것은 큰 도움이 됩니다. 장르에 따라 촬영 방식도 달라지고, 유튜브 안에는 워낙 다양한 형태의 콘텐츠가 존재하다 보니 나에게 어울리는, 혹은 내가 재미있을 것 같은 콘텐츠 포맷을 정할 필요가 있는 것이죠. 그럼 유튜브에 존재하는 대표적인 장르를 살펴보도록 하겠습니다.

토크 방송

유튜브에서 가장 많이 만들어지고 있는 장르는 토크 방송입니다. 영화나 광고와 같이 영상미학에 대한 공부를 하지 않아도 누구나 기본적인 시스템을 배우면 시작할 수 있는 형태이기도 하고, 또 유튜브에서 성공할 가능성도 가장 높은 포맷이기 때문입니다. 개인이나 기업이 브랜딩을 위해서 토크 방송이나 인터뷰 방송, 혹은 자기계발 책 소개 방송을 많이 하고 있고, 성공사례가 굉장히 많습니다. 유튜브를 통해서 좋은 서비스를 제공해주면서, 자연스럽게 기업의 브랜딩 효과도 보는 것이죠.

이런 토크 방송으로 큰 기업으로 성공한 사례는 '신사임당' '김작가TV' '김짠부' '이상한 마케팅' 같은 채널 등이 있을 것입니다. 평범한 유튜버로 시작을 했다가, 채널이 급성장을 하면서 기업 수준의 가치를 가지게 되었고, 브랜딩에 성공하게 된 것이죠. 인터뷰 콘텐츠는 게스트에 따라 내용을 무궁무진하게 확장할 수 있는 장점이 있습니다.

드라마

최근에 유튜브에서 가장 떠오르는 콘텐츠 중 하나가 바로 드라마입니다. 대략 3분 내외로 만들어진 드라마가 시청자들의 공감을 자아내며 큰 인기를 끌고 있습니다. 드라마 장르는 사람들이 가장 친근하게 접근할 수 있는 장르라는 장점이 있습니다. 인간은 논리를 듣는 것보다 이야기를 듣는 것을 좋아하기 때문입니다. 촬영과 연기가 자연스러우면 사람들은 이야기 안에 금방 빠져들게 됩니다. 그래서 많은 광고들이 드라마의 형태로 만들어지는 경우가 있습니다. 그저 스타가 등장해서 제품을 홍보하는 광고의 형태가 아닌, 짧은 드라마의 형태로 공감을 불러일으키면서 자연스럽게 광고 효과를 내는 것이죠. 대본이 좋으면 스타가 등장하지 않아도 엄청난 광고효과를 보는 경우가 많습니다.

한때 〈무한도전〉이라는 프로그램에서 '무한상사'라는 드라마가 인기를 크게 끌었던 적이 있습니다. 드라마를 통해 직장에서 겪는 다양한 에피소드를 담아냄으로써 현대인들이 공감할 수 있는 요소로 웃음과 감동이 있고, 교육적인 효과도 나타날 수 있는 것이죠. 최근 '숏박스'라는 유튜브 채널은 사람들이 공감할 수 있는 이야기를 짧은 드라마로 만들어 대박이 난 대표적인 유튜브 채널입니다. 물론 출연진이 개그맨 출신이라 이런 콘텐츠를 만드는 데에 유리한 면이 있음을 기억해야 합니다.

드라마를 제작하는 데에는 연기 훈련이나, 기본적인 영상 문법에 대한 이해가 필요해서 어렵게 느껴지기도 합니다. 하지만 앞으로 우리가 배워나갈 영상 언어와 촬영 기법을 잘 배우시면, 비전공자여도 충분히 드라마를 만들 수 있을 것입니다.

브이로그

브이로그는 일상을 영상으로 기록하는 것을 말합니다. 과거에는 블로그에 글과 사진으로 일상을 기록하는 사람이 많았다면, 지금은 영상으로 기록하는 사람이 많습니다. 유튜브에서 브이로그 영상이 굉장히 많고 인기도 있다 보니 하나의 장르로 볼 수 있습니다. 집에서의 하루를 영상으로 찍는 영상, 회사에서의 하루를 영상으로 찍는 사람, 여행영상을 찍는 사람… 다양합니다. 브이로그 영상은 드라마와 달리 실제 삶의 모습을 보여준다는 면에서 진실성이 있고 더 친근하게 전달되는 측면이 있습니다. 일상을 영상으로 기록함으로써 크리에이터와 시청자는 친밀함과 신뢰가 쌓이게 됩니다. 브이로그는 일상을 콘텐츠로 만들고, 일상을 예술로 승화시킨다는 점에서 의미가 있습니다.

브이로그는 기획도 중요하고, 무엇보다 촬영이 중요합니다. 기획이 잘되었어도 촬영이 받쳐주지 않으면 효과가 덜할 수 있기 때문입니다. 일상을 카메라로 담아낼 때에 예술성이 필요하고, 촬영에 대한 이해가 필요합니다. 영화 〈리틀 포레스트〉를 보면 극영화이지만, 브이로그적인 촬영이 무엇인지를 가장 잘 보여주는 영화라 생각합니다. 요리라고 하는 일상의 모습을 마치 예술가의 행위처럼 카메라가 정성스럽게 담아냅니다. 영화를 보면 요리하는 과정이 너무 아름답게 느껴지고, 음식 하나하나가 마치 예술작품처럼 느껴지죠. 회사 안에서 브이로그를 촬영할 때도 마찬가지입니다. 회사 안에서의 일상을 예술로 승화시켜 촬영을 한다면 기업 이미지를 좋게 만들 수 있을 것입니다.

주제 기획영상

주제 기획영상은 요즘 이슈가 되는 하나의 주제나 테마를 선정해서 그것을 나레이션과 자료영상을 활용해서 콘텐츠로 만든 것을 이야기합니다. 이것은 시의성을 잘 맞추고, 어느 정도 영상의 퀄리티가 나와주면 높은 조회수를 가질 수 있는 장점이 있습니다. 유튜브에서 '1분 과학'이나 '멘탈케어'와 같은 채널의 영상이 대표적일 것입니다. 이런 형태의 영상은 대본이 중요하고, 편집 시간이 오래 걸리는 것이 특징입니다. 그래서 편집을 어려워하는 사람이라면 만들기 어렵겠죠? 하지만 시의성과 트렌드를 잘 맞추면 조회수나 채널 유입에 좋은 성과를 낼 수 있습니다.

숏폼 영상

영상 플랫폼이 진화하면서 영상의 길이가 점점 짧아지는 것이 큰 특징입니다. 사람들의 집중력이 점점 짧아지고 있다는 것을 의미하기도 하죠. 숏폼 영상은 단순히 재미를 넘어서 요즘에는 마케팅과 연결지어서 많이 만들어집니다. 아무래도 숏폼 영상은 공유 속도가 더 빠르다 보니 그 장점을 이용해서 마케팅을 하는 것이죠. 숏폼 영상은 별도로 제작을 하기도 하지만, 길게 만든 영상 중에서 일부를 잘라 숏폼으로 만드는 경우도 있습니다. 그래서 숏폼으로 채널 유입을 이끌어내는 것이죠. 마치 내 채널을 홍보하는 영업사원과 같은 역할이라고 생각하면 됩니다.

숏폼 영상은 짧은 시간에 임팩트를 주어야 하기 때문에 결코 만만하지 않습니다. 시작하자마자 집중을 시키는 매력 포인트가 있어야 하는 것이죠. 시청자들을 끌어당기는 훅hook이 필요합니다.

기획, 어디서부터 시작할 것인가

자료조사를 통해서 아이디어를 얻다

콘텐츠 기획을 위해서 가장 먼저 우리가 할 수 있는 일은 책이나 뉴스 기사를 찾아보는 일일 것입니다. 또 매일 셀 수 없을 만큼 업데이트가 되는 유튜브 콘텐츠도 살펴봐야 합니다. 지금 핫한 키워드가 무엇인지 서치를 통해서 알 수 있습니다. 그렇다고 무작정 자료조사를 하는 것보다는 어느 정도 콘텐츠의 방향성을 정하고 자료조사를 하는 것이 더 효율적일 것입니다. 바로 실행하기에 앞서 연구는 중요합니다. 많은 작가들이 글을 쓰기에 앞서 굉장히 긴 시간 문헌연구의 시간을 갖는다고 합니다. 그러는 과정에서 아이디어도 많아지고, 깊이도 생기기 때문입니다. 유튜브 역시도 마찬가지입니다. 자료조사와 연구를 통해서 더 좋은 기획이 가능해집니다.

자료조사를 할 때에는 내가 좋아하는 것에서 시작하면 됩니다.

사람마다 남들보다 조금 더 잘 아는 분야기 있기 마련입니다. 저 같은 경우는 영화가 그렇습니다. 그러면 영화에 대한 자료조사를 해야겠죠. 현재 인기 있는 영화 유튜브 채널을 서치하고, 기획이 나 편집 방식을 살펴보는 것은 도움이 될 것입니다. 또 서점에 가 서 내가 더 전문성을 키워야 할 부분에 대한 책을 사서 연구하는 것도 좋습니다. 그런 자료조사와 연구를 통해서 우리의 기획은 구체화될 수 있습니다. 섣부르게 실행하는 것보다, 고민을 통해 훨씬 날카로운 콘텐츠를 만들 준비가 되는 것이죠. 여러분은 어 떤 분야에 관심이 많은가요? 남들보다 손톱만큼이라도 좀 더 관 심을 갖는 테마는 무엇인가요? 그와 관련된 다양한 영상들과 문 헌들과 기사들을 서치해보기 바랍니다. 그것이 좋은 기획의 첫걸 음입니다.

또 한 가지 기획을 함에 있어서 데이터적 사고의 중요성을 이야 기해보려 합니다. 우리는 무언가를 시작하고 계획할 때 직관적으 로 결정하고 싶은 유혹에 빠집니다. 머릿속에 바로 떠오른 것이 좋다고 믿는 것이죠. 물론 예술가들 중에서는 그것이 더 정확할 때가 있습니다. 하지만 대부분은 머릿속에 가장 먼저 떠오르는 아이디어는 아주 식상하고, 뻔한 아이디어일 확률이 높습니다. 오 히려 좀 더 연구를 하고, 데이터를 통해서 검증된 키워드로 기획 을 할 때에 더 효과적일 수 있습니다. 과거에는 소수의 전문가만 이 가능한 일이었다면, 지금은 유튜브만 보아도 사람들이 지금 관심사가 무엇인지 충분히 알 수 있는 시대입니다. 유튜브 홈 화면에서 이미 조회수가 높은 콘텐츠 확인할 수 있습니다. 데이터는 우리를 속이지 않습니다. 영화 〈머니볼〉[1]을 보면 데이터를 수집해서 가성비 높은 선수를 구성해서 꼴찌팀이 연승을 거두는 기적의 이야기를 보여줍니다. 감독을 비롯해 옛 사고에 머문 사람들은 데이터적 사고를 반대합니다. 그건 직관을 따라올 수 없다고 주장합니다. 하지만 영화 〈머니볼〉의 결말은 데이터적 사고가 성공의 확률을 높인다는 것을 입증합니다. 이것을 우리의 콘텐츠 기획에 적용해보면 좋을 것입니다. 지금 시대의 주요 키워드와 트렌드를 파악하고, 내가 가지고 있는 콘텐츠와 연결하면 좋은 기획이 될 수 있을 것입니다. 가령, 저는 영화채널이니 지금 가장 핫한 영화이면서, 나의 장점을 드러낼 수 있는 영화를 선정한다면 채널을 어필하는 데 큰 도움이 될 것입니다. 또 경제채널이라면 지금 이슈가 되는 상황이나, 사람들이 가장 불안해하는 요소를 가지고 콘텐츠를 만든다면 클릭률을 높일 수 있겠죠. 사람의 직관은 놀라운 능력이기도 하지만, 그것을 맹신하는 것은 위험하다는 것을 기억하면 좋습니다. 이에 대한 추천 책으로 『데이터는 어떻게 인생의 무기가 되는가』[2]라는 책을 추천드립니다.

---

1 2011년 개봉작. 베넷 밀러 감독이 연출했고, 브레드 피트가 주연을 맡았다.

2 세스 스티븐스 다비도 저, 2022년

가장 개인적인 것이 창의적인 것

봉준호 감독이 〈기생충〉[3]으로 오스카 영화제에서 감독상을 받았을 때 "가장 개인적인 것이 가장 창의적인 것이다."라고 수상 소감을 이야기한 것이 화제가 되었죠. 그리고 전 세계의 사랑을 받은 넷플릭스 드라마 〈오징어 게임〉도 마찬가지입니다. 황동혁 감독은 너무 가난했을 때 이런 게임으로 어마어마한 상금을 받을 수 있는 이벤트가 있으면 좋겠다는 생각으로 처음 이야기를 구성했다고 하죠. 이처럼 강력한 힘을 가진 이야기는 대부분 창작자 개인의 경험과 감정에서 시작되는 경우가 많습니다. 그 아이디어를 숙성시키고 발전시켜서 좋은 스토리가 되는 것이죠. 앞서 이야기했던 자료조사도 아주 중요하지만, 또 개인의 경험 역시 아주 중요합니다. 그 경험에서 크리에이터의 개성과 매력, 가치관, 세계관 등이 형성되기 때문이죠. 그 개인적 경험이 특별하고, 좋은 콘텐츠가 만들어질 수 있는 가장 좋은 씨앗이라는 말입니다.

어릴 때 불행한 환경에서 자란 경험, 생계를 유지하기 위해 수십 개의 아르바이트를 했던 경험, 프로포즈를 하지만 잘 안되었던 경험, 혹은 반대로 사랑이 꽃피었던 경험, 가족 안에서 일어난 수많은 에피소드, 월세 집을 알아보기 위해 발품 팔았던 경험, 소

---

3 92회 아카데미 영화제에서 봉준호 감독의 〈기생충〉은 작품상과 감독상을 비롯해 4관왕을 차지했다.

설을 쓴 경험, 단편영화를 만들었던 경험, 얼마 없는 돈으로 세계여행을 해던 경험 등등 수도 없이 많을 것입니다. 사람들은 추상적인 메시지가 아닌, 살아있는 경험이 담긴 이야기를 듣기를 좋아합니다. 그럴 때에 이야기는 더 생명력 있게 전달이 되고, 콘텐츠에 힘이 생깁니다.

그런데 우리는 나의 경험과 첫 아이디어가 너무 하찮고 보잘것없어 보여서 짓밟는 경우가 많죠. 제가 창작에서 가장 좋아하는 명언은 이것입니다. 스티브 잡스가 한 이야기입니다.

"최초의 아이디어는 너무 연약해서 물을 주고 햇빛을 주어야 자라난다."

내 안에서 시작된 작은 아이디어를 소중하게 여기고 키워 나아가는 것이 중요합니다. 그럴 때에 가장 창의적인 결과물이 나올 수 있습니다. 경험이 가장 중요한 콘텐츠입니다. 과거에는 부끄러운 경험이었던 것도 유튜브 세계에서는 매력적인 콘텐츠가 됩니다. 어떤 인기 있는 강사분은 자신의 가족 이야기를 가지고만 수백 개의 콘텐츠를 만들어냅니다. 한 가족이 같이 살면서 얼마나 많은 일들이 일어나나요? 그 속에서 배운 것들을 콘텐츠로 만들어 수많은 사람들의 공감을 일으켜 성공하는 케이스도 있습니다.

개인의 경험이란 것이 이렇게 중요합니다. 보물은 여러분의 내

부에 있습니다. 책을 보는 것도 좋지만, 자신의 내면을 탐구하는 것은 더 중요합니다. 자신의 경험과 내면을 깊이 탐구하는 사람이 전 세계가 공감하는 콘텐츠를 만들 수 있습니다.

가장 좋은 기획은 결국 '자기 연구'를 통해서 시작됩니다. 자신이 어떤 사람인지 잘 알고 있어야 거기에 걸 맞는 좋은 콘텐츠가 나올 확률이 크겠죠. 위대한 일을 이루어낸 사람들은 외부의 조언보다 자신의 내면의 목소리에 더 주의를 기울입니다. 다음과 같은 질문을 스스로에게 던져보면 좋습니다.

- 나는 무엇을 조사하기를 원하는가?
- 무엇이 나를 흥미롭게 하는가?
- 내가 염려하는 것은 무엇인가?
- 우리가 정말로 열정을 보이는 것은 무엇인가?
- 내가 속한 사회에/가족에게/나에게 문제가 되는 것은 무엇인가?
- 이 영상을 만드는 목적은 무엇인가?
- 아무리 이야기해도 지치지 않는 대화 주제는 무엇인가?

모든 사람은 자신만의 관심사가 있기 마련이죠. 남들보다 한발 먼저 경험하게 되는 분야가 있습니다. 어떤 사람은 책이나 영화를 보는 일에 빠른 사람이 있고, 맛집을 찾는 데에 빠른 사람이 있고, 돈 관리를 잘하는 사람도 있고, IT 기기를 남들보다 빨리 구입하는 사람도 있습니다. 여러분이 관심이 있고 사랑하는 주제와 테마는 무엇인가요?

유튜브에서는 콘텐츠 소재에 대해서 다음과 같은 카테고리를 제공합니다.

자동차	엔터테인먼트	노하우/스타일	인물/블로그	게임
뷰티/패션	가족엔터테인먼트	음악	애완동물	여행/이벤트
코미디	영화/애니	뉴스/정치	과학기술	교육
음식	비영리/사회운동	스포츠		

자신에게 익숙하고, 좋아하는 소재를 찾는다면 그 이후의 진행이 수월하게 진행될 수 있습니다. 지금 뜨고 있는 트렌드를 쫓는다고 무조건 좋은 것은 아닙니다. 그 분야에 내공이 부족하다면 오래가지 못할 확률이 크겠죠. 뼛속부터 하고 싶은 이야기로부터 시작해야 오래 지속할 수 있습니다. 유튜브는 오래 지속하는 것이 중요합니다. 그래야 안정적인 커뮤니티가 형성되고 브랜드로서의

가치를 가질 수 있습니다.

토론과 협업을 통한 아이디어 확장

콘텐츠를 기획함에 있어서 자신의 생각을 밀고 나가는 고집이 필요할 때도 있지만, 반대로 다른 사람과 함께 협업하고 토론을 할 때에 더 아이디어가 발전하는 경우가 많습니다. 자신의 아이디어에 대해 객관적인 피드백을 받을 수 있는 것이죠. 토론을 통해 피드백을 받는 시간은 중요합니다. 비판을 받는 것이 그 순간은 수치스럽고 자존심이 상하겠지만, 이 과정을 통해 좋은 기획자로 거듭날 수 있을 것입니다. 함께 기획을 할 수 있는 팀이 있으면 좋겠지만, 혼자 방송을 하는 경우에는 어렵겠죠. 주변 사람들에게 자신의 아이디어를 들려주는 경험을 해보는 것도 좋을 것입니다.

깊은 물로 들어가라

자신의 유튜브 채널의 컨셉을 정하고 나면 신나고 기쁘다가도 이내 실망하는 경우가 있습니다. 왜냐하면 자신보다 뛰어난 사람이 이미 자신과 비슷한 콘텐츠를 하고 있기 때문입니다. 그래서 나는 어떤 차별성을 줄지 고민해야 합니다. 차별성이 없다면 콘텐츠의 생명력은 줄어들겠죠. 콘텐츠에 차별성을 갖는다는 것은 내가 남들과 다른 관점을 갖거나, 남들보다 한 발 더 깊게 들어가는 것을 이야기합니다. 모든 분야의 콘텐츠가 이미 있기 때문에 완전히 새로운 분야를 개척하기는 어렵더라도 자신만의 독창적인 관점을 갖는 것이 중요합니다. 그래야 브랜드 가치가 있는 채널이 될 수 있습니다. 언제나 독창적인 영화를 만들었던 데이빗 린치 감독은 다음과 같이 말합니다.

아이디어는 물고기와 같다. 작은 물고기를 잡고자 한다면 얕은 물에 머물러도 된다. 그러나 큰 물고기를 잡으려면 깊은 곳으로 들어가야 한다.

깊은 곳에 있는 물고기는 더 힘세고 더 순수하다. 그놈들은 덩치가 크고 심원하며 아주 아름답다.

- 『데이빗 린치의 빨간방』 중에서

세상을 놀라게 할 강력한 콘텐츠를 만들고 싶다면 깊은 물속으로 들어가야 합니다. 자신의 온몸으로 경험한 진실을 콘텐츠로 만들어야 합니다. 그저 얄팍하게 책으로 공부한 내용으로 콘텐츠를 만든다면 큰 힘을 갖기는 어려울 것입니다. 남에게 주어들은 이야기가 아니라, 자신의 내면을 깊이 파고들어야 합니다.

빠르게 실패하라

처음부터 완벽하게 기획하고 실행하겠다고 하는 태도는 위험합니다. 처음은 미숙하고 평범할지라도 자신이 하고 싶은 것을 시작해보고 조금씩 보완하고 발전시켜 나아가는 것이 좋습니다. 인생에 딱 한번 있는 시험처럼 무거운 마음으로 유튜브를 시작하게 되면 오히려 더 일이 잘 풀리지 않고, 실패했을 때 좌절감이 더 클 수 있습니다. 반대로 쪽지시험처럼 가벼운 마음으로 시도하고, 실패를 친구 삼아서 시작한다면 점점 나아지는 자신의 모습을 발견할 수 있을 것입니다. 그렇게 조금씩 좋아질 때 우리의 성취감도 더 크겠죠. 성공한 사람들은 대부분 빠르게 실행하고 빠르게 실패를 경험한 사람들입니다. 그래야 또 새로운 전략으로 실행을 하고 한 걸음 한 걸음 성공을 향해 나아갈 수 있습니다. 위대한 예술가들이 다작을 했다는 것도 같은 원리입니다. 어느 정도 내가 완성된 경지에 올라가기 전까지는 빠르게 실행하고 실패하는 경험을 하는 것이 좋습니다.

💡 성공하는 채널의 공통점

좋은 콘텐츠가 담고 있는 5가지 키워드를 알아두면 좋은데, 공감, 정보, 재미, 감정, 가치입니다. 이런 요소들이 담겨있을 때 사람들은 그 콘텐츠에 흥미를 느끼고 공유하고 싶은 마음을 갖게 됩니다. 우리가 이 모든 것을 충족시키는 일은 어렵겠지만, 그래도 이 중에 1~2개만 만족시더라도 좋은 콘텐츠를 만들 수 있습니다.

공감

인기 있는 콘텐츠들은 시청자들의 공감을 불러일으킵니다. "나도 저런 적 있는데" "나도 저런 생각해본 적 있는데"와 같은 공감을 하며 함께 울기도 하고, 함께 위로를 얻기도 하고, 함께 화를 내기도 하죠. 최근에 크게 인기를 얻고 있는 유튜브 채널 중에 짧은 드라마 콘텐츠가 많습니다. '짧은 대본' '숏박스' '너덜트' 같은 채널은 우리가 공감할 수 있는 일상과 사랑에 대한 에피소드를 드라마로 구성해서 보여주는데 인기가 많습니다. 우리는 공감되는 영상을 보면 공유를 하고 싶어집니다. 공감을 주는 영상을 만들기 위해서는 아픔과 약점도 드러낼 수 있는 용기가 필요합니다. 그래서 어렵습니다. 대부분은 그런 자신의 상처를 회피하고 싶기 때문이죠. 자신의 솔직한 모습을 용기 있게 드러낼 수 있어야 공감을 얻을 수 있는 콘텐츠를 만들 수 있습니다.

드라마 콘텐츠뿐 아니라 토크 방송에서도 마찬가지입니다. 인기 있는 재테크 채널만 살펴보더라도 나이 많은 어르신의 느낌으로 왠지 처음부터 부자였을 것 같은 분의 이야기보다는 형이나 언니 누나 같은 크리에이터, 우리와 별 다를 바 없는 분들이 재테크를 통해 조금씩 부자가 되어가는 모습을 보여주는 채널이 인기가 많습니다. 더 공감이 되기 때문이죠. '주언규' '김짠부' '드로우앤드류'가 인기 있는 이유도 마찬가지입니다. 그들이 원래부터 잘난 사람이 아니었다는 것을 알기에 공감하게 되고, 그들을 따라 하고 싶어집니다.

유튜브 세계에서는 종종 남성보다 여성이 활약하는 것을 자주 보게 됩니다. 그것은 바로 '공감능력' 때문입니다. 물론 성장 과정에서 달라질 수 있지만, 대체로 여성이 감정표현을 하고, 공감할 수 있는 능력이 뛰어납니다. 그러다 보니 영상에서 보여지는 모습이 자연스럽고, 편안하게 다가가게 됩니다. 유튜브에서 인기 있는 남성 크리에이터를 보면 상대적으로 공감능력이 뛰어난 경우가 많습니다. 결국 유튜브 영상도 서비스를 제공하는 것인데, 너무 무뚝뚝하고 감정표현이 서툴면 보는 사람도 불편함을 느낄 수밖에 없겠죠. 삶에 태도가 고스란히 영상 속에 담기는 것이기에 평소의 삶이 중요합니다.

정보

정확한 정보를 주는 것만으로 인기 있는 영상이 될 수 있습니다. 뉴스 영상이 대표적이죠. 물론 요즘에는 뉴스 영상도 자극적인 소재로 조회수를 높이기 위한 것들이 많지만, 코로나 소식이나 태풍 소식, 부동산이나 주식, 범죄소식과 같은 우리의 생존과 직결된 상황에 놓일 경우, 좋은 정보만 공유해주어도 인기 있는 영상이 됩니다. 과거에는 연애인들이 수다 나누는 콘텐츠가 가장 인기가 높았지만, 지금은 시대가 변해서 사람들은 정말 도움이 되는 정보를 원합니다. 물론 여전히 연예인들의 이벤트적인 뉴스들은 인기가 있지만, 유튜브에서 더 인기 많은 콘텐츠는 나의 삶과 직결된 소식들입니다. 그만큼 시민들의 사고가 더 성숙해졌다는 것을 의미하기도 합니다. 얼마 전 새로 시작된 언론채널인 '겸손은 힘들다 김어준의 뉴스공장'이 한 주 만에 100만 구독자를 달성해서 모두를 놀라게 한 사건이 있었습니다. 그만큼 사람들은 삶에 필요한 정보를 알기 원한다는 것을 보여주는 사례라고 생각합니다.

재미

영상의 재미의 요소는 점점 중요해집니다. 정보를 주더라도 웃음과 함께 전달해주는 영상이 인기가 많습니다. 그것은 인간의 본능적인 속성도 그렇고, 또 지금 시대가 웃음을 잃어가는 시대이다 보니 더욱 그렇습니다. 텔레비전보다 유튜브가 더 인기 있는 이유도 사실은 그런 재미의 요소 때문입니다. 아무래도 공공방송은 더 말을 조심하고, 언어 사용도 절제를 해야하다 보니 고급스러운 맛은 있지만, 반대로 재미가 부족할 수 있습니다. 반면 유튜브는 보다 솔직한 이야기를 하다 보니 자칫 잘못하면 저급하게 느껴지기도 하지만 더 큰 재미를 주기도 합니다. 사실 유머감각이 있다는 것은 굉장히 지능이 높을 때 가능한 것이고, 사람은 대체로 재미있는 사람을 좋아하죠.

코믹한 요소가 있는 드라마 콘텐츠는 요즘 거의 다 조회수가 높고 잘되고 있습니다. 그리고 토크 방송도 진행자의 입담이 좋은 콘텐츠가 인기가 많습니다. 사람들은 유튜브를 볼 때 공부를 하기 위해서 보기도 하지만, 동시에 쉬기 위해서 보는 경우가 많습니다. 그래서 재미가 필요합니다. 혼자의 힘으로 재미를 주기 어려우면 게스트를 모시거나, 아니면 편집을 통해서 재미를 더하는 방법도 있을 것입니다.

감정

영상 콘텐츠가 힘을 가지려면 강렬한 감정이 담겨있어야 합니다. 스토리텔링이 있는 이유가 바로 이 감정을 담아내기 위해서이죠. 사람들이 드라마를 뉴스보다 더 친근하게 여기는 이유는 이야기와 감정 때문입니다. 단순한 정보 전달만으로는 큰 사랑을 받기는 어렵습니다.

과거에 감정보다 이성이 중요하게 여겨지던 시대가 있었습니다. 당시에는 감정을 드러낸다는 것은 매우 저급하다고 생각하곤 했습니다. 그 당시에는 뉴스가 드라마보다 더 고급 장르라고 믿곤

했죠. 하지만 인기 있는 콘텐츠의 비밀은 정반대입니다. 오히려 솔직한 감정이 드러날 때에 더 사람들이 공감하고, 인기를 얻게 됩니다. 그것이 인터뷰 콘텐츠이든, 드라마이든, 브이로그 영상이든 마찬가지입니다.

비디오 아티스트는 촬영 방식 자체로 감정을 드러낼 수가 있을 것이고, 인터뷰 콘텐츠에서는 말이나 표정을 통해서 솔직한 감정을 표현하겠죠. 현실 세계에서는 사람들이 감정을 숨기고 살아가는 것이 미덕인 것처럼 여겨지다 보니 영상 콘텐츠에서는 솔직하게 감정을 드러내는 사람이 사랑을 받는 것 같습니다. 어느 인기 있는 영화리뷰 방송은 평론가 4명이 화난 감정을 그대로 드러내면서 토론을 하니 시청자의 반응도 아주 좋습니다. 감정을 드러내기 때문이죠. 감정을 숨기고 객관적인 정보만 나열하는 콘텐츠는 조회수가 적습니다. 우리가 어떤 영화에 깊게 매료되는 이유는 인물의 감정 때문입니다. 감정이 중요합니다.

가치

디지털 시대의 콘텐츠 전략은 단순히 재미있는 콘텐츠를 만드는 것을 넘어서서 지금 시대에 필요한 가치를 전달하는 일이 중요합니다. 단순히 예쁜 이미지를 만드는 것을 넘어서서 기업이 추구하는 가치와 철학이 영상 안에 담겨있으면 좋습니다. 요즘 표현대로 '세계관world view'라 부를 수도 있습니다. 그것이 브랜딩에서 가장 중요한 요소입니다. 가치가 빠지고, 그저 화려한 영상만 추구한다면 얼마 못 가서 포기하고 말 것입니다. 아무리 겉이 화려하더라도 속이 텅 빈 기업은 결코 지속적인 성장을 할 수 없습니다. 영화를 보아도 스펙터클과 액션만으로 관객에게 감동을 줄 수 없다는 것을 우리는 자주 경험합니다. 영화 안에 작가가 전달하는 미학과 주제가 묵직할 때에 우리는 그 서사에 더 큰 감동을 얻을 수 있게 됩니다. 주제에 대한 고민보다 CG를 입히는 일에 더 시간을 많이 쓴 영화는 잠깐의 즐거움을 주고 잊혀지게 되는 것이죠.

유튜브 콘텐츠도 마찬가지인 듯 합니다. 오래도록 사랑받으며 지속적으로 성장하는 채널을 보면 그 안에 가치를 담고 있습니다. 동시대를 살아가는 사람들에게 도움을 주고 사회에 기여하고자 하는 소명의식이 느껴집니다. 단순하게 조회수를 높이기 위한 영상은 가볍고 금방 질리게 되지만, 재미 속에 가치를 담은 영상은 오랫동안 사랑받게 됩니다. 그리고 그 가치가 지금 시대가 필요로 하는 메시지일 때 엄청난 파장을 일으키게 되는 것입니다.

대체 불가능한 사람이 되라

결국 성공하는 유튜브 채널을 위해서 화려한 편집 기술보다 중요한 것은 그 사람 자체입니다. 그 사람이 가진 캐릭터가 결국은 콘텐츠로 투명하게 드러나기 때문입니다. 그 사람이 성장하면서 쌓아온 경험, 가치, 인격, 재능, 세상을 보는 관점 그 모든 것이 캐릭터를 형성합니다.

유튜브 크리에이터로 성공한 사람들을 보면 대체로 자신만의 장점을 극대화하고 가장 자신답게 살려고 노력하는 사람입니다. 그럴 때에 비로소 대체 불가능한 사람이 되는 것이죠. 그저 남을 흉내 내는 삶은 한계에 부딪히게 됩니다. 용기 있게 자신만의 길을 탐색해 나아가는 사람이 좋은 크리에이터가 될 수 있습니다. 사실 미래에 좋은 인재상은 암기력이 뛰어나고 계산을 잘하는 사람이 아니라, 창의적이고 자신을 가장 잘 알고, 가장 자신답게 살려고 노력하는 사람입니다. 자신이 걸어온 길을 어떤 가치나 신념과 연결 지어서 말할 수 있어야 합니다. 내 인생에 어떤 스토리가 있어야 한다는 것입니다.

결국 그것은 광고마케팅에서 말하는 '포지서닝'이라는 요소와 연결이 됩니다. 유튜브 크리에이터로 오랫동안 롱런 하는 사람은 자신만의 포지서닝이 있는 사람입니다. 나의 채널에서만 들을 수 있거나 경험할 수 있는 요소가 있는 것이죠. 그저 남을 흉내 내는 수준에 머무는 콘텐츠라면 존재 이유가 부족할 것입니다.

저는 영화리뷰 채널을 즐겨보는데, 지금 영화 채널은 무수하게 많지만 어떤 채널은 장르영화를 잘 다루고, 어떤 채널은 마블 영화를 전문적으로 잘 다루고, 어떤 채널은 영화 속 인문학적 테마를 잘 다루고, 어떤 채널은 신작 영화를 잘 다룹니다. 또 캐릭터도 가지각색입니다. 어떤 사람은 따뜻하면서 지식이 많은 형이나 오빠같이 설명을 해주고, 어떤 사람은 안 좋은 영화를 시원하게 욕하면서 리뷰를 합니다. 둘 다 나름의 재미가 있습니다. 각각의 포지서닝이 있기에 무수한 영화채널이 있지만 공존하게 되는 것입니다. 여러분 채널은 여러분만의 포지서닝이 있나요?

콘텐츠 크리에이터가 된다는 것은 대체 불가능한 사람이 되는 것입니다. 위대한 감독이나 배우를 보면 대체 불가능한 자신만의 인장을 남기죠. 그래서 그 "존재 자체가 장르다."라는 수식어를 써주기도 하지요. 우리도 그런 삶을 살아야 합니다. 사실 그런 존재가 되는 것은 개성만으로는 부족하고 실력이 바탕이 되어야 합니다. 전문성과 내공이 있어야 하는 것이죠. 비슷한 분야에 있는 다른 사람들보다 실력이 압도적으로 뛰어나야 비로소 대체 불가능한 존재가 될 수 있을 것입니다. 실력이 없는 개성은 큰 의미가 없습니다.

나의 부캐를 만들어라

결국 유튜브나 틱톡 같은 소셜미디어를 한다는 것, 메타버스 시대의 크리에이터로 활동하는 것은 부캐를 만드는 것과 같습니다. 일상에서의 나의 모습이 아닌, 새로운 페르소나를 만드는 것이죠. 사실 유튜브에서의 페르소나는 가짜 모습을 만드는 것이 아닌, 진짜 자신의 모습을 꺼내어 보여주는 것입니다. 부캐를 통해서 진짜 자아를 찾는 것이죠.

요즘에는 부캐를 갖는 것이 일상화되었지만, 오래전 영화에서 이미 이것이 영화화된 적이 있습니다. 바로 송강호 배우 주연의 〈반칙왕〉(2000년)입니다. 소심한 은행원 임대호는 퇴근 후에 레슬링을 배우게 됩니다. 그리고 링 위에서의 모습은 부캐이지만, 그는 진정한 자아를 깨닫게 됩니다.

메타버스metaverse⁴의 시대에 부캐의 비중은 더 커지리라 예상됩니다. 자신의 아바타가 대신하여 디지털 세계 안에서 활동하게

---

4 메타버스는 meta와 verse의 합성어로 '디지털화 된 지구' 혹은 '아바타로 살아가는 디지털 세상'
   이라고 설명할 수 있습니다.

되기 때문입니다. 이미 아바타로 강연이나 공연이 이루어지는 일이 이루어지고 있죠. 이런 아바타로 살아가는 세상에 대해서 잘 보여주는 영화가 있습니다. 바로 스티븐 스필버그 감독의 〈레디 플레이어 원〉(2018년)입니다. 2045년, 미래의 세계에서 사람들은 현실보다 가상현실에 머무는 시간이 더 많은 시대를 표현하고 있고, 아바타로 살아가는 것이 더 익숙해진 것을 보여줍니다. 가상현실 속에서는 너무 다양한 종족의 아바타가 있어서 마치 미래 사회의 신화처럼 느껴집니다. 가상현실은 현실세계를 소홀히 하는 부정적인 면도 있지만, 현실에서 소외받던 이들에게 가상세계는 새로운 기회의 땅이 되기도 했습니다. 메타버스 전문가인 김상균 교수는 "스마트폰이 새로운 혁명이라면, 메타버스는 새로운 문명"이라고 이야기하기도 했습니다. 영화를 보면 그야말로 새로운 문명과도 같은 세계를 시각적으로 잘 보여줍니다.

여러분은 어떤 부캐를 만들어보고 싶나요? 이제는 '부캐 브랜딩'의 시대입니다. 그것이 재미를 넘어서 하나의 브랜드로서의 가치를 가지게 됩니다. 부캐는 디자인도 중요하지만 세계관과 캐릭터도 중요합니다. 가령 '펭수'가 큰 히트를 친 것은 외모뿐 아니라, 그의 독특한 캐릭터와 세계관 때문이죠. 기존의 권위를 깨는 통쾌함이라든지, 독특한 유머감각을 선보입니다. 최근 〈놀면 뭐하니〉 프로그램을 보면 유재석 씨가 계속 부캐를 변주하면서 가수도 되었다가, 제작사도 되었다가, 기업 상사도 되었다가 다양한 도전을 하는 모습을 보여주고 있죠. 그것이 재미있고, 인기가 많은 이유는 시대적 가치가 맞아떨어지기 때문인 것이죠.

앞으로 우리 모두의 삶이 그렇게 될지 모르겠습니다. 여러 개의 부캐를 가지며 살아가고, 그것이 또 진정한 자신의 모습인 것이죠. 저 역시도 영화감독이 되었다가, 책을 쓰는 작가가 되었다가, 또 교육을 할 때에는 캡틴 선생님처럼 되었다가 다양한 모습으로 살아갑니다. 예전에는 너무 저 자신이 다양한 모습을 가지고 있어서 걱정이 되기도 했었는데, 그 모든 캐릭터가 저 자신의 진짜 모습이기도 하고, 앞으로 이것이 트렌드라는 생각에 안심하게 되었죠.

부캐를 만드는 것은 노련한 기획 속에서 만들어집니다. 그 안에 나름의 가치와 메시지를 담고 있어야 합니다. 시대를 이해하고 나를 이해하는 인문학적 감수성과 메타인지도 필요합니다. 그럴 때에 성공할 수 있습니다.

좋은 기획을 위한 6가지 노하우

마지막으로 좋은 기획의 조건 6가지를 공유하겠습니다. 미디어 콘텐츠를 제작할 때에 공통적으로 고민하게 되는 요소입니다. 이런 교과서적인 내용이 필요 없다고 느껴질 수도 있지만, 창작활동을 하다 보면 의외로 중요하다는 것을 깨닫습니다. 이론을 통해서 우리의 아이디어를 점검할 수 있고, 더 합리적인 추론을 할 수 있는 것입니다. 영화 〈청년경찰〉을 보면 경찰대학에 입학한 두 주인공이 학교에서 배우는 것들이 너무 유치하고 쓸모없다고 여겼는데, 현장에서 유용하게 사용되는 것을 경험하고 스스로도 놀라는 장면이 있죠. 콘텐츠 제작도 비슷하다고 생각합니다.

첫째, 주제의식

유튜브에서는 사실 주제보다는 소재가 더 중요하긴 합니다. 하지만 크리에이터의 채널 전체가 지향하는 가치가 주제는 필요합니다. 시대를 향한 어떤 메시지가 있어야 하는 것입니다. 그리고 그 주제는 겉으로 드러난 것이 아니라, 기저에 깔려있으면 됩니다. 가령, 어떤 채널은 시시콜콜한 연애담을 이야기하는 듯 하지만, 기저에 '20대들의 건강한 연애를 위하여'라는 주제가 담겨있기도 합니다. 어떤 재테크 채널은 겉으로는 돈 버는 방법을 속물처럼 이야기하는 것 같지만, 기저에 '평범한 사람들도 경제적 자유를 가질 수 있다.'라고 하는 메시지를 담고 있습니다. 그런 가치는 말하지 않아도 시청자들이 느끼는 경우가 많습니다. 크리에이터의 진정성이 느껴지는 것이죠.

둘째, 니즈와 타이밍

이 부분은 앞에서도 언급을 했기 때문에 짧게 언급하고 넘어가도록 하겠습니다. 지금의 시대에 필요한 메시지와 정보를 전달하면 좋다는 것입니다. 지금 사람들이 해결하고 싶은 문제를 건드려 주어야 합니다. 개인이나 기업의 브랜딩을 하고자 하는 목표라면 이런 요소는 더 중요하겠죠. 그저 취미로 영상을 만드는 사람이 라면 상관없겠지만 말입니다. 시대에 따라서 요구되는 메시지는 달라집니다. 특히 한국 사회는 유행도 빨리 변하고, 트렌드를 따 라가는 데 민감하다 보니 이런 요소가 중요합니다. 한때 사회뉴스 에서 경제 소식이 인기가 없던 시기가 있었습니다. 정치담론은 넘 치는데, 경제뉴스는 소수의 사람만이 관심을 가진 것이죠. 그런데 지금은 어떤가요? 경제 관련 콘텐츠가 가장 인기를 누리고 있습 니다. 부동산과 주식을 다루는 콘텐츠의 인기와 중요성은 점점 커지고 있습니다. 그것이 우리의 삶에서 아주 중요한 문제라는 것 을 모두가 받아들이게 된 것이죠. 또 불과 몇 년 전까지만 해도 뇌를 섹시하게 만드는 지적인 콘텐츠가 인기여서 철학자나 인문 학자나 종교지도자들 중에서 스타가 많이 나왔죠. 사람들의 지적 갈망이 크던 시기에는 그렇게 1인 방송 채널에서 흥미로운 인문학 강좌의 수요가 아주 컸습니다. 큰 히트를 치는 경우가 많았죠. 그 런데 지금은 좀 트렌드가 변한 듯합니다. 몸을 다루는 운동과 관 련된 컨텐츠가 큰 인기입니다. 정신에서 몸으로 사람들의 관심이 변했습니다. 과거에는 소수만 즐기던 UFC 경기를 지금은 많은 사 람들이 즐기고, 헬스 트레이너나 운동선수들이 진행하는 유튜브 채널에 열광합니다. 그렇게 유행이 계속 변하다 보니 인기의 변화도 큽니다. 하나의 캐릭터가 인기를 지속하기 어려운 것이죠. 인기를 유지하기 위해선 계속 변화를 추구해야만 합니다.

셋째, 새로움과 다름

나와 유사한 소재를 다루는 채널과 차별성이 있는지를 질문하는 것입니다. 그런 요소가 하나도 없고 그저 어설프게 남을 흉내내는 것에 머물면 안 되겠죠. 기존의 콘텐츠를 참고한다고 하더라도 거기서 한 발 더 깊게 들어가던지, 아니면 완전히 새로운 접근을 하는 것이 필요할 것입니다. 그런 자신만의 독특한 관점이 있으면 아무리 유튜브가 레드오션이라 하더라도 성공하는 채널이 될 수 있을 것입니다. 영화 〈괴물〉이 한국에서나 미국에서 큰 사랑을 받을 수 있었던 이유는 기존의 괴수영화와는 다르게 한낮에 시작하자마자 괴물의 모습이 등장한다거나, 단순한 호러가 아닌 납치극으로 이야기를 풀어낸 점이나, 또 가족 이야기와 우리 사회의 부조리극을 중요한 테마로 담아낸 것이 스필버그식의 괴수영화와의 차별성을 주었고 보는 평론계와 관객들에게 둘 다 큰 사랑을 받을 수 있었습니다. 크리스토퍼 놀란 감독은 한국에서 아주 큰 사랑을 받은 감독인데, 그의 영화 〈인터스텔라〉는 천만 관객을 돌파하며 엄청난 흥행을 일으켰습니다. 그 영화는 기존의 SF 영화와는 다르게 저명한 과학자의 자문을 얻어 시나리오를 구성하였습니다. 그래서 영화에 등장하는 블랙홀 장면은 그 어떤 논문보다 정확하다는 평가까지 받았습니다.

그런 지점이 그저 상상만으로 이야기를 구성한 기존의 SF영화보다 더 지적이고, 새로운 영화가 탄생할 수 있었던 것이죠. 유튜브에서도 마찬가지입니다. 성공한 채널들은 새로움과 다름의 전략을 취합니다. 기존의 관습들에서 한발 더 나아가겠다는 의지, 기존의 것과는 다르다는 자신감이 필요한 것입니다. 지금 유튜브가 대세 플랫폼이 된 이유는 지상파와 다르기 때문입니다. 더 솔직하고, 더 사적이고, 더 깊이를 추구하는 전략이 지상파와는 다른 새로운 재미를 주었습니다. 저 역시도 유튜브 방송 콘텐츠를 보는 시간이 점점 압도적으로 늘어나고 있는 것을 봅니다. 오랜만에 지상파 방송을 보려고 하면 보고 싶은 것 몇 개 외에는 전혀 손이 가질 않더군요.

지금은 콘텐츠가 넘쳐나는 시대이다 보니, 지금 채널을 시작하는 사람에겐 새로움과 다름을 추구하는 것이 더 어렵습니다. 번쩍이는 아이디어가 떠올라서 기획안을 써보면 이미 더 잘하고 있는 사람들이 하고 있는 경우가 많습니다. 물론 그냥 따라 하는 것만으로도 공부가 되겠지만, 성공하는 크리에이터가 되기 위해서는 약간의 새로움과 다름을 추구해야 할 것입니다. 기존의 트렌드에서 한발 더 나아가는 모험과 용기가 필요합니다.

넷째, 포지셔닝

이것은 세 번째 이야기와 유사합니다. "이 분야 하면 이 채널"하고 떠올릴만한 나만의 포지션을 가지도록 세밀한 기획이 필요합니다. 영화비평 하면 '이동진'이라고 많은 사람들이 떠올리죠. 책리뷰 하면 '겨울서점'. 망작리뷰 하면 '라이너'와 '거의없다'. 부동산 채널 하면 '신사임당' '부읽남' '월급쟁이부자들'. 이런 식으로 사람들의 머릿속에 각인시킬 정도의 포지셔닝이 있다면 성공한 크리에이터입니다. 저는 미디어 교사하면 '박명호'라는 사람이 떠오르도록 노력하고 있습니다.

광고 기획자들이 가장 많이 고민하는 부분이 이것입니다. '나만의 포지셔닝이 있는가' 한 개인이, 혹은 한 기업이 브랜드가 되기 위해서는 시장에서 자신만의 독특한 위치를 잡는 것이 중요합니다. 상품에서는 가격과 품질 사이의 관계로 포지션을 잡는 경우가 많습니다. 가령, 애플 제품은 가격도 높고 품질도 최고라는 포지션을 잡고 있기에 충성도가 굉장히 높습니다. 그리고 물가가 계속 높아져서 소비자들의 스트레스가 큰 상황에서는 또 가성비 전략으로 큰 성공을 거둔 사례도 많습니다. 인간의 뇌의 기억이라고 하는 것은 한계가 있기 때문에 포지셔닝이 명확한 제품만 강렬하게 기억하는 경향이 있죠. 그래서 중요합니다.

유튜브 채널은 대부분 무료이고, 제품이 아니라는 점에서는 적용이 될까 싶지만 사실 유사합니다. 웃음과 정보의 비율을 어떻게 배분할 것인가로 포지션을 잡을 수도 있고, 편집스타일, 취향과 정치적 지향 등으로 또 포지션을 잡을 수 있을 것입니다. 우리가 완전히 새로운 것을 만들 수는 없다 하더라도 적절한 선택과 조합을 통해서 나의 장점을 최대화한다면 나만의 포지셔닝을 잡을 수 있을 겁니다.

다섯째, 타깃

종종 타깃을 애매하게 잡아서 채널이 망하는 경우가 있습니다. 가령, "우리는 모든 세대를 위한 콘텐츠를 만들 거야."라고 말하는 것이죠. 지금은 더욱 타깃을 좁혀야 더 성공할 가능성이 높은 시대입니다. 나의 이야기에 관심을 가져줄 소수를 위한 콘텐츠를 만드는 것이죠. 그렇게 좁혀서 접근할 때 오히려 더 넓은 시청자층을 갖게 되는 것이 흥미롭습니다. 가령, 소수의 주식을 하는 사람들을 대상으로 한 채널이 한참 시간이 지나서 구독자 200만 명 가까운 시청자를 갖게 되는 것이죠. 봉준호 감독은 가장 한국적인 정서가 담긴 영화를 만들었는데, 오히려 그것이 전 세계가 공감하고 열광하는 영화가 되었습니다. 〈오징어 게임〉은 장르적인 쾌감을 즐기는 소수를 타깃으로 기획했는데, 전 세계에서 1등을 하였고, 너도나도 오징어 게임 챌린지 열풍을 일으켰습니다. 김짠부는 20대를 위한 재테크 채널을 만들었지만, 모든 세대가 공감하고 응원해주는 크리에이터가 되었습니다. 저도 영화리뷰 콘텐츠를 만드는데, 크게 흥행한 대중영화보다 오히려 '박찬욱 감독 〈헤어질 결심〉의 미장센 분석'이라는 콘텐츠를 만들었더니 조회수가 높게 나오는 것을 경험했습니다. 예술영화를 이해하기 원하는 좁은 타깃을 대상으로 했더니 더 좋은 결과가 나오는 것을 보고 깨달은 바가 이것입니다. 타깃을 좁히면 더 충성도도 크고 질적으로 성장하게 되어 결국은 영향력이 확장됩니다.

여섯째, 현실 가능성

아무리 좋은 기획이라 하더라도 현실적으로 만들 수 없는 콘텐츠를 기획하면 안 되겠죠. 지나치게 제작비가 많이 드는 콘텐츠를 기획하거나, 섭외하기 어려운 인물을 인터뷰하겠다고 기획한다면 시도도 하지 못하고 포기하게 될 것입니다. 초반에는 자기 혼자 할 수 있는 현실 가능한 콘텐츠 제작을 시도해보기를 추천드립니다. 혼자서 진행하면서 어느 정도 성과가 나타나면 조금씩 게스트를 초청한다든지 장비를 구입한다든지 확장시킬 수 있겠죠.

저 역시도 단편영화나 유튜브 콘텐츠 제작을 기획할 때에 이런 현실성을 아주 중요하게 여깁니다. 저의 성격이나 사용할 수 있는 예산을 고려해서 오랫동안 지속 가능한 방식으로 기획을 하는 것이죠. 스튜디오를 매번 유료로 렌탈하면 경제적으로 타격이 있으니 좀 소박하더라도 무료 미디어센터를 활용하기로 한다거나, 매번 게스트 섭외가 어려우니 고정 멤버로 방송을 하기로 한다거나 하는 식입니다. 단편영화를 만들더라도 촬영 장소를 2~3곳 정도로 제한해서 스토리를 구성하고, 집과 가까운 곳을 로케이션으로 활용합니다. 이렇게 현실적으로 기획을 하면 계획을 행동으로 옮길 확률이 더 커집니다.

많은 사람들이 지나치게 이상적인 계획을 잡고, 그저 생각에만 멈추는 경우를 많이 봤습니다. 그런 사람에게 그다음의 기회는 주어지지 않겠죠. 작은 하나라도 완성해본 사람에게 그다음의 기회가 주어집니다. 실천할 수 있는 계획을 구상하는 것이 중요합니다.

나만의 기획안 작성해보기

썸네일 제목	
키워드	
카테고리(장르)	타겟
콘텐츠 내용	
촬영내용 메모	

"가장 개인적인 것이

가장 창의적인 것이다."

봉준호 감독 수상소감

CONTENTS
PRODUCTION
CREATIVE

Chapter 2

매혹적인
스토리텔링의 기술

인간은 스토리텔링의 세계에서 살아갑니다. 인간은 개념이 아니라, 스토리텔링을 통해서 삶과 세상을 배워나갑니다. 주변 사람들의 입에서, 컴퓨터에서, 스마트폰과 소셜미디어에서, 카페와 식당 테이블에서, 예술작품에서 지금도 스토리가 흘러나옵니다. 스토리가 없는 세상을 상상할 수 없을 정도입니다. 어떤 교훈을 전달할 때 바로 훈계하기보다 이야기를 들려줄 때에 사람들은 그 교훈을 쉽게 흡수합니다. 광고 역시도 그것의 정보를 나열하기보다 제품 안에 담긴 스토리를 들려줄 때 더 잘 팔리게 됩니다. 사람은 스토리를 통해서 인생을 배우고 성장합니다.

　그래서 영화와 소설을 사람들은 사랑합니다. 거기에 다양한 스토리가 있기 때문이죠. 그래서 스토리에 대한 공부는 유익합니다. 지금 시대는 한 단계 더 나아가서 유튜브와 틱톡, 인스타그램 등 소셜미디어가 더 다양해졌지만, 여전히 스토리텔링은 중요하고 그 표현 방식만이 변했다고 할 수 있습니다. 마케팅과 브랜딩에 있어서도 스토리텔링은 중요하게 여겨집니다. 그런데 신기하게도 스토리텔링을 학교에서는 중요하게 다루지 않습니다. 시험에서는 스토리텔링보다는 암기해서 단답형 정답을 맞추는 것이 더 중요하게 여겨지니 많은 사람들이 그 감각을 잃어버리게 됩니다. 오히려 그런 학교 생활에 전혀 적응하지 못하고 소외되었던 사람들, 수업 시간보다 쉬는 시간을 더 사랑했던 사람들이 그 감각을 유지해서 지금의 문화 콘텐츠 산업의 인재가 되는 경우가 많습니다.

사실 어릴 때에는 우리 모두는 예술가로 태어납니다. 우리가 본 것에 대한 기억력도 뛰어나고 이야기를 사랑합니다. 어릴 때 거짓말을 시작한다는 것은 나쁜 것이 아니라, 그때 스토리텔러로 거듭나는 것입니다. 물론 그 거짓말이 다른 사람의 인생을 망친다면 문제겠지만, 그렇지 않다면 거짓말을 잘한다는 건 스토리를 만드는 재능이 있는 건지 모릅니다. 왜냐하면 영화 스토리든, 드라마 각본을 쓰든 이야기를 과장하고 꾸며야 하기 때문입니다. 그저 현실의 이야기를 그대로 담기만 한다면 재미없다고 시청자들은 다 떠나겠죠. 물론 좋은 스토리를 만들기 위해서는 이야기의 구조와 같은 것을 공부하는 일도 필요하지만, 그 이전에 이야기를 만드는 욕구가 커야만 합니다. 세상에 들려주고 싶은 이야기가 있어야 하는 것이죠.

종종 픽사Pixar 영화 같은 영화를 보고 나면 "도대체 저런 스토리는 어떻게 만든 걸까?" 궁금해하곤 합니다. 사람들을 낯선 세계에 초대하는 매력적인 인물과 스토리를 보여주면서도, 또 삶에 대한 인사이트가 담긴 교훈을 전달하는 마법과 같은 스토리. 그 비밀을 전부는 알 수 없겠지만, 그래도 중요한 몇 가지 원칙을 이야기해보려 합니다.

픽사Pixar **스튜디오의 마법 같은 스토리텔링의 비밀**

기억과 감정에서 시작하라

스토리텔링의 마법을 보여주는 픽사Pixar 작가들 역시 스토리텔링에 있어서 개인의 기억과 감정에서 시작하는 것을 아주 중요하게 여긴다고 합니다. 그래야만 진정성을 갖게 되고 다른 사람들이 자연스럽게 귀를 기울이게 되는 것이죠. 그래서 픽사의 영화를 보면 상상력이 넘치면서도 우리는 그 이야기에 공감하고 삶에 대한 인사이트를 얻게 되는 것입니다. 최근 어른을 위한 애니메이션으로 사랑을 받았던 〈소울soul〉 같은 경우에도 오랫동안 원했던 꿈을 이루고서도 "이제 다음은 무엇이죠?"라고 질문하며 허탈해하는 주인공의 모습이 나오는데, 이 역시도 감독 자신이 직접 느꼈던 감정이라고 합니다. 〈인사이드 아웃〉으로 엄청난 성공을 거두고서 갑자기 "이제 다음은 뭐지?"라는 생각이 들었다는 것이죠. 그런 개인의 감정을 애니메이션 주인공의 감정에 담음으로써 더욱 공감대가 큰 이야기가 될 수 있었습니다. 전 세계를 놀라게 한 스토리텔링을 보여주었던 봉준호 감독도 〈기생충〉의 이야기를 떠올릴 때에 초반부 부잣집에 과외를 하게 된 이야기는 자신의 경험을 떠올렸다고 고백한 적이 있습니다. 경험을 바탕으로 한 이야기는 묘사가 더 생생하고, 몰입하게 만드는 힘이 있습니다.

저 역시도 단편영화 〈너무 한낮의 꿈〉이라는 영화를 만들 때에 제가 만난 장애인분의 솔직한 생각이 담긴 시로부터 시작했던 경험이 있습니다. 현실에서는 휠체어에 의존하지만, 꿈속에서만큼은 자신은 공원에서 춤을 추고 있다는 그 솔직한 시에서 영감을 받아 단편영화를 구상해서 만들게 되었고 좋은 반응을 얻을 수 있었습니다. 그리고 제가 아는 다른 감독은 저와 비슷한 컨셉이지만 기술적인 완성도를 높여서 영상을 만들었는데, 그것은 반응이 좋지 않았습니다. 왜냐하면 거기에는 개인의 기억과 감정이라는 연결점이 없었기 때문입니다. 감독 자신과의 연결된 지점이 없이, 그저 화려한 영상미만으로는 결코 공감과 감동을 이끌어낼 수 없습니다.

가장 솔직한 이야기를 해야 사람들은 우리의 이야기에 귀를 기울입니다. 아무리 화려한 미사여구와 CG로 포장을 하더라도 콘텐츠에 진실함이 없으면 사람들은 외면할 것입니다. 종종 직접 작곡을 하고 노래까지 하는 싱어송라이터의 인터뷰를 보면 "한 사람에게 들려주기 위해 만든 노래가 이렇게 큰 사랑을 받을 줄 몰랐다."라는 이야기를 자주 듣습니다. 그것이 솔직한 이야기의 힘입니다. 자신의 기억과 감정에서 이야기를 시작하길 바랍니다. 여러분의 기억에 박혀있는 하나의 이미지, 사건을 그림 한 장으로 그려보는 건 어떨까요?

'만약에what if'라는 가정으로 상상해라

스토리텔링의 또 중요한 규칙은 '만약에what if'입니다. 아무리 다양한 경험을 가진 사람이라 할지라도 경험만으로 이야기를 만든다면 한계에 부딪힐 것입니다. 인간의 삶에서 경험이란 아주 제한적이기 때문이죠. 우리의 상상력이 필요합니다. 픽사Pixar의 영화를 보면 그럼 경험적인 요소와 상상적인 요소가 적절하게 섞여있는 것을 볼 수 있습니다. 다시 〈소울soul〉을 생각해보면 초반에 재즈 피아니스트를 꿈꾸는 주인공의 모습은 아주 사실적으로 묘사되고, 작가의 경험이 묻어난 듯합니다. 하지만 후반부에 태어나기 전의 세계와 영혼으로 여행을 떠나는 모습은 작가의 상상으로 이루어진 장면이죠. 상상을 통해 이루어진 장면은 이야기를 더 극적으로 만들어줍니다. 그리고 거기에서 재미와 크리에이티브가 발현되기도 합니다.

봉준호 감독 역시도 경험과 상상을 적절하게 조화를 만듭니다. 그의 천만 영화 히트작 〈괴물〉을 보면 괴물이 한강에 나타났다고 하는 상상에서 시작하지만, 가족이 딸을 구하는 과정에 있어서는 우리 한국 사회의 리얼한 풍경이 묘사됩니다. 그런 현실과 상상의 봉합을 통해서 관객들은 스토리에 몰입해서 따라갈 수 있게 됩니다. 그야말로 재미있는 영화가 되는 것이죠.

넷플릭스에서 굉장히 화제가 되어 항상 추천작으로 여겨지는 〈블랙 미러〉 역시도 마찬가지죠. '만약에 이런 일어나면 어떻게 될까?'를 드라마로 구성하여 만들어졌고, 그것은 엄청난 반응이 나타났고, 넷플릭스 서비스가 성장하는 데에도 큰 영향을 주었습니다. 저 역시도 한번쯤 상상해보았던 설정들이 드라마로 다 만들어진 것을 보며 너무 몰입해서 재미있게 보았던 기억이 있습니다. "죽은 남편에게 인공지능 서비스로 문자가 온다면?"과 같은 뒷이야기가 너무 궁금해지는 상상력이 시청자를 매료시키는 것이죠.

유튜브 콘텐츠를 만들 때에도 이 '만약에what if' 기법은 유효합니다. "만약에 내가 5만원으로 여행을 떠난다면?" "만약에 멍 때리기 대결을 한다면?" "만약 온라인수업을 하는데 교수가 서툴러서 수업을 망친다면?" 등 다양한 아이디어를 떠올려보고 스스로 흥미롭고 다른 사람들도 재미있어하는 것을 택해서 콘텐츠를 만들어보면 분명 좋은 반응을 얻을 것입니다. 앞으로는 영화감독이나 소설가뿐 아니라, 모든 기업가는 스토리텔러여야 합니다. 스티브 잡스는 이런 이야기를 했습니다.

"세상에서 가장 영향력 있는 사람은 스토리텔러다. 스토리
텔러는 앞으로 다가올 새로운 세대의 비전과 가치와 어젠다
를 설정한다."

애플의 첫 시작은 이런 가정법에서였습니다. "만약에 모든 개인
의 책상 위에 컴퓨터가 놓아진다면?" 지금 시대의 우리에게는 너
무 당연한 이야기이죠. 책상에 컴퓨터가 없는 사람은 거의 없습니
다. 하지만 당시로서는 엄청난 모험이었고, 쉽게 상상하기 어려운
가정이었습니다. 하지만 시간이 지나 지금은 현실이 되었고, 모든
개인이 창작자가 되고, 한 개인이 기업이 되는 시대가 되었습니다.
그리고 더 현실적으로 지금은 스토리를 만드는 사람이 돈을 가장
많이 버는 시대가 되었습니다. 시험을 잘 치루고 좋은 학교에 가
는 사람이 아닌, 이야기를 만드는 사람이 가장 큰돈을 벌고, 중요
한 시대가 된 것입니다. 넷플릭스 플랫폼은 점점 영향력이 확대되
고 있고, 전 세계의 사람들은 재미있는 이야기를 갈망합니다. 그
리고 그들은 이야기가 있는 사람들에게 얼마든지 돈을 지원해줄
준비를 하고 있습니다. 최근 한국 콘텐츠가 큰 인기를 끄는 이유
는 이야기꾼들이 많기 때문입니다. 미래 시대를 표현하는 기술력
과 CG는 이제 어느 정도 충분히 갖추었지만, 좋은 이야기는 여전

히 부족하고 스토리텔러의 가치가 중요해지고 있습니다. 지식보다 상상력이 중요한 것입니다.

캐릭터와 세계관을 구축하라

흔히 스토리텔링에 있어서 가장 중요한 두 축을 이야기하면 '캐릭터'와 '세계관'을 이야기합니다. 우리가 재미있게 본 영화를 보면 이 2가지 설정이 잘 이루어졌기 때문입니다. 가령, 마블 히어로 영화에서 히어로들은 아주 매력적인 캐릭터입니다. 가장 영웅적인 일을 하면서도 항상 일상에서 유머를 잃지 않습니다. 마블 히어로가 다른 히어로보다 더 사랑받은 이유는 그 유머 때문이라고 생각합니다. 그중에서 특히 스파이더맨이 인기 있고 사랑받는 이유는 인간적인 면까지 가지고 있기 때문입니다. 집과 학교에서 피터 파커의 삶을 보면 우리와 다를 바가 없습니다. 사고를 치고, 반의 한 여학생을 짝사랑하고… 그런 그가 또 스파이더맨으로서 세상을 구하는 구원자의 역할을 할 때면 더 큰 쾌감을 경험하게 됩니다. 그리고 세계관 역시도 흥미롭습니다. 그들은 인류를 새로운 관점으로 바라보도록 마블 세계관을 창조했는데, 마치 새로운 신화와 같습니다.

작은 영화에서도 캐릭터와 세계관은 중요합니다. 〈소공녀〉라고 하는 독립영화가 있는데, 영화에서 주인공 미소는 집에 쌀이 없을 만큼 가난하지만, 자신의 취향을 지키기 위해 담배와 와인을 포기하지 못합니다. 심지어 그 취향을 지속하기 위해서 집을 포기하는 결정까지 합니다. 그런 미소의 선택은 그녀의 캐릭터와 가치관을 드러내주고, 영화를 더 흥미롭게 합니다. 봉준호 감독의 〈설국열차〉에서 열차는 계급사회라고 하는 세계관을 보여줍니다. 열차의 구조가 우리 사회의 구조와 닮아있는 것이죠. 그리고 열차 안에서 가장 중요한 인물인 남궁민수는 앞으로 가는 문을 열어주지만, 마음속으로는 열차 밖의 세상을 꿈꿉니다. 그래서 틈만 나면 창밖을 바라보며 눈이 녹고 있는지 확인하죠. 그것이 그의 세계관이고 감독의 세계관을 대변합니다. 혁명이 아닌, 열차 밖에서 희망을 찾는 것이죠. 그래서 이 영화의 결말은 중요합니다. 헐리우드 종말 영화와의 큰 차별성을 갖는 것이죠.

영화의 세계관은 매력적인 캐릭터로부터 출발합니다. 캐릭터와 세계관은 분리해서 생각할 수 없는 것이죠. 우리가 사랑하는 영화, 인생 영화라고 불리는 것들은 다 인물 때문입니다. 그러면 어떻게 입체적인 인물을 그릴 수 있을까요? 그래서 픽사Pixar는 캐릭터 구축을 할 때에 외적인 요소와 내적인 요소를 함께 고민한다고 합니다. 이런 질문을 던지는 것이죠.

1) 좋아하는 것?

2) 두려워하는 것?

3) 주로 느끼는 감정은?

이런 질문을 통해 인물을 평면적이지 않고, 더 살아있는 인물처럼 느낄 수 있게 됩니다. 인기 드라마들이 주인공의 어린 시절 트라우마를 짧게 회상으로 보여주면 시청자들은 인물에 감정이입을 하고 입체적으로 느끼게 됩니다.

영화이든, 유튜브든 콘텐츠에서 인물은 중요합니다. 영화라면 만들어진 캐릭터일 것이고, 유튜브라면 크리에이터 자신일 것입니다. 자신만의 인생 스토리가 있다면 좋겠죠. 그리고 그 인생 스토리 안에 자신이 추구하는 가치와 세계관이 담겨있으면 그것은 브랜딩 효과를 갖게 됩니다. 그래서 인기 크리에이터들은 자신이 어떤 인생의 고난의 길 끝에 지금의 위치에 오게 되었는지를 자주 이야기합니다. 그리고 어떤 비전을 그리는지를 공유합니다. 비전이 결국 세계관과 연결됩니다. 그리고 그 인생 이야기는 구독자들에게 더 큰 충성심을 일으키게 됩니다.

크리에이터는 진짜이기 때문에 연예인보다도 더 큰 팬덤을 갖게 될 수 있습니다. 그 안에 드라마가 있고, 삶의 진실이 담겨있다면 모두에게 사랑받는 콘텐츠가 될 수 있겠죠. 여러분의 삶이 평범하지 않았다면 그 과정에서 힘들었겠지만, 그것이 여러분만이 가지고 있는 유니크한 캐릭터가 될 것이고 사랑받는 크리에이터가 될 수 있는 자산이 될지도 모릅니다.

스토리텔링과 마케팅

스토리텔링은 재미있는 이야기를 들려주는 것을 넘어서서 마케팅에 있어서도 아주 중요한 역할을 합니다. 영화처럼 본질 자체가 이야기인 산업뿐 아니라, 일반적인 기업의 브랜딩에 있어서도 스토리텔링이 중요한 시대인 것이죠.

대표적으로 스티븐 잡스가 그렇죠. 우리 모두는 그의 창업 스토리를 알고 있고, 그의 창작품에 더 흥미를 갖게 됩니다. 그의 스토리 덕에 우리는 애플 제품에 남다른 애정을 갖게 됩니다. 그것이 스토리마케팅의 힘입니다. 유튜브 크리에이터도 마찬가지입니다. 절망 끝에 놓인 가난의 삶에서 벗어나 투자를 통해 부자가된 사람이나, 욜로족으로 살다가 한순간에 짠순이로 변한 크리에이터와 같이 스토리가 있는 크리에이터를 보면 더 애정을 느끼게되고 더 응원하게 됩니다. 또 틱톡TikTok에서 그 짧은 시간 동안한 크리에이터는 자신이 알바를 하면서 경험했던 황당한 일들을썰을 푸는 콘텐츠가 큰 인기를 끄는 경우도 본 적이 있습니다. 모두 스토리텔링 때문입니다.

강의 콘텐츠는 어떨까요? 거기에는 스토리텔링이 있을까요? 당연히 있겠죠. 명강사들의 강의를 잘 들으면 개념과 메시지만 설명만 하지 않습니다. 그 안에 수많이 이야기가 담긴 크고 작은 에피소드를 이야기합니다. 10분짜리 강의 영상을 찍는다고 하더라도 그 안에 에피소드가 5~6개는 나옵니다. 강사 자신이 겪었던 다양한 크고 작은 이야기를 들으며 사람들은 강연에 빨려 들어가죠. 결국 강의 콘텐츠 안에서도 스토리가 있는 것입니다. 한국의 대표적인 인기 강사인 김미경 강사와 김창옥 강사의 강의를 들어보면 모두들 이야기 속으로 빨려 들어가는 것을 경험하는데 스토리텔링 때문이죠. 두 분 다 거창한 스토리를 들려주는 것이 아니라, 직접 경험한 것들을 소소한 에피소드를 머릿속에 그려지게끔 스토리텔링 하는 능력이 뛰어납니다. 또 최근에 오디오 방송에서 입담으로 갑자기 떠오른 장항준 감독 역시 자신의 경험을 스토리텔링으로 들려주는 능력이 뛰어납니다. 사실 팟캐스트가 너무 포화상태로 과거처럼 떠오르는 스타가 나오기 힘든데, 그 와중에 큰 사랑을 받았습니다. 그래서 저도 공부하는 마음으로 그 방송을 청취하고 했는데, 장항준 감독님은 어린 시절 이야기, 영화 현장에서의 이야기, 가족 이야기 등 소소한 일상 이야기를 들려주는데 마치 드라마를 보는 것처럼 머릿속으로 그려지고 그 안에서 극적 재미와 반전까지도 주니 빨려 들어가게 됩니다. 그 작은 방송이 터지게 되면서, 이후에 장항준 감독이 하나의 브랜드가 되고 감독으로서의 행보도 다양해질 수 있었죠.

드라마라고 하는 것이 영화에만 있는 것이 아니고, 유튜브나 틱톡, 팟캐스트와 같은 플랫폼의 콘텐츠 안에도 있는 것입니다. 그리고 그 스토리가 결국 마케팅의 핵심적인 요소가 됩니다. 진정성 있는 비즈니스의 핵심은 자신만의 스토리입니다. 마케팅 연구자 세스고딘은 말했죠.

> "마케팅의 핵심은 더 이상 당신이 만드는 물건이 아니라, 당신이 들려주는 이야기다."

이야기는 인간의 본질에 가까운 근원적인 요소입니다. 우리가 제품을 사랑하고, 기업을 사랑하고, 예술가를 사랑하는 이유는 스토리 때문입니다. 스토리를 들려주어야 합니다. 스토리가 마케팅입니다. 우리가 영화를 사랑하는 이유도 스토리 때문이죠. 그 스토리는 생물과 같아서 우리의 마음속에서 계속 자라나 끊임없이 영향을 줍니다. 여러분 자신을, 혹은 기업을 브랜딩 하기 위해서는 스토리를 들려주어야 합니다.

제품 광고를 보면 공부가 많이 되는데, '핫식스' 음료 광고를 보면 청년들의 다양한 삶에서의 실수들을 에피소드로 구성해서 마지막에 핫식스를 먹고 힘내라는 이미지로 마무리를 하는 데 아주 효과적입니다. 사실 그렇게 몸에 좋을 것은 없는 음료이지만,

광고를 보고 나면 그것을 사랑하게 되고, 편의점에서 그 음료를 보았을 때 다른 음료와는 다른 느낌을 갖게 됩니다. 이것이 바로 스토리의 힘이구나를 깨닫게 됩니다. 애플의 광고 중에 '오해'라고 하는 영상이 있습니다. 이 광고 영상을 보면 애플의 새로운 기능을 소개하는 것이 아닌, 스토리를 들려줌으로써 스토리텔링이 마케팅에 얼마나 중요한지를 잘 보여주는 대표적인 사례입니다. 내용은 다음과 같습니다. 한 가족이 크리스마스에 모두 모였습니다. 그런데 한 청소년은 그 모임 안에 잘 섞이지 못하고, 스마트폰만 쳐다봅니다. 하지만 마지막에 그가 스마트폰으로 가족 영상을 만들었다는 것을 알게 됩니다. 그가 만든 영상앨범을 보며 모든 가족은 자신들이 오해했다는 것을 미안해하고, 또 그 영상 기록을 보며 감동의 눈물을 흘립니다. 이 광고 영상 안에는 모두가 공감할 수 있는 스토리가 있고 감정의 진실함이 담겨있죠. 그것은 제품의 기능을 소개하는 영상보다 더 힘이 있고 파급력이 있습니다. 여러분은 어떤 스토리가 있나요? 너무 극적인 삶이 이야기가 있지 않아도 괜찮습니다. 여러분이 경험한 소소한 이야기들을 스토리로 말하는 연습을 해보면 어떨까요? 어린 시절의 황홀한 경험, 끝이 좋지 않았던 첫사랑 이야기, 위기를 극복하고 무언가를 성취했던 이야기… 무엇이든 괜찮습니다.

공감과 진정성이 있는 스토리

  좋은 스토리텔링의 핵심은 공감과 진정성입니다. 이 2가지 요소를 갖춘 스토리는 몰입감이 있으면서도 상대방의 행동을 움직이게 만듭니다. 항상 옳은 이야기를 하는 듯하지만, 잔소리처럼만 들리고 변화는커녕 반감만 사는 경우도 있죠. 그것은 공감을 이끌어내는 면이 부족하기 때문입니다. 유튜브에서 조회수가 높은 콘텐츠를 보면 이 말의 의미를 쉽게 알 수 있습니다. 화자가 자신의 약점과 아픔을 솔직하게 드러내는 콘텐츠는 공감을 불러일으키고 힘이 있습니다. 하지만 말하는 사람이 스스로는 약점이 전혀 없듯이 행동하면서 내가 너희들을 가르쳐주겠다는 듯이 행동하는 사람은 재수 없다는 느낌이 들고, 배우면서도 찝찝한 마음이 듭니다. 그래도 들을 만한 내용이 있으면 어느 정도 조회수는 유지가 되지만, 폭발적인 조회수가 나오지는 않습니다. 너무 똑똑한 척하지 말아야 합니다. 나약한 모습 솔직하게 전달해야 합니다.

  '나약함'이야말로 스토리텔링의 핵심이라고까지 말할 수 있습니다. 그래서 인기 있는 유튜브 크리에이터가 갑자가 눈물을 보일 때에 우리는 오히려 그의 진심을 이해하고 더 사랑하게 됩니다. 완벽함은 공감을 이끌어내지 못합니다.

유튜브뿐 아니라, 영화나 드라마를 보아도 마찬가지이죠. 흥행에 성공한 영화나 드라마는 지금 시대에 공감할 수 있는 소재와 상황을 보여줍니다. 공감할 수 있는 요소가 없이 스펙터클만으로 승부하려는 드라마는 대부분 실패합니다. 우리가 봉준호 감독의 영화를 사랑하는 이유는 그의 영화에 등장하는 히어로는 서민이고 나약한 인물이기 때문입니다. 우리와 비슷한, 혹은 그보다 더 못한 인물이 위대한 일을 이루어내는 것을 보며 감동을 얻게 됩니다. 대표적인 영화가 〈괴물〉이 그렇습니다. 헐리우드 영화였다면 원래부터 히어로적인 면모를 가진 사람이 주인공인 경우가 많은데, 이 영화에서는 그렇지 않습니다. 주인공 강두(송강호 배우)는 매우 덜떨어진 인물이고, 게으르고, 똑똑하지 못합니다. 그런데 딸을 향한 사랑 하나만큼은 강렬한 인물이죠. 그런 그가 괴물에게 잡혀간 딸을 구하러 갈 때, 그는 서서히 성장하고, 영웅과도 같은 모습을 보여줍니다. 그런 변화와 성장을 바라보기에 마블 히어로 영화보다 더 큰 공감을 일으키고 사랑을 받는 스토리가 되는 것입니다.

마블 히어로를 보면 캡틴 아메리카나 아이언맨을 동경하게 되고, 대리만족의 재미는 주지만 워낙 완벽하기에 두터운 팬층이 있기도 하지만, 모든 세대에게 큰 공감을 불러일으키는 어렵습니다.

그들은 우리와는 다른 초현실적 능력이 있기 때문입니다. 최근 마블 히어로 영화의 인기가 식어가는 것이 느껴지고, 독립영화가 더 큰 사랑을 받는 것이 느껴지는데 그 이유 때문인지도 모릅니다. 이제 사람들은 인간의 삶을 사려깊게 관찰하고 진실을 보여주는 영화를 보여줍니다. 본질은 텅 비어있는데 그저 화려한 스펙터클로 시선을 끄는 영화를 보는 것이 지치기도 하고 지금의 시대에는 한심하게 느껴지는 것이죠.

3막 구조

마지막으로 3막 구조에 대한 이야기를 해보려 합니다. 모든 이야기는 3막 구조로 되어있습니다. 이것은 너무 당연한 이야기이지만 또 중요한 내용입니다. 모든 이야기는 시작이 있고, 중간이 있고, 끝이 있는 것이죠. 시작 단계에서 인물을 설명하고, 중간 단계에서 인물은 위기를 만나게 되고 그것을 해결하기 위해 노력하게 됩니다. 일이 풀리려고 할 때에 갑자기 꼬여서 더 큰 어려움을 만나지만, 조력자를 만나서 해결의 실마리를 얻게 되죠. 그리고 마지막에는 어떠한 결말에 이르게 됩니다. 정리하면 다음과 같습니다.

1막 - 영화의 배경, 주인공 소개, 흥미를 끄는 사건, 주인공의 적대자, 주인공을 움직이는 열정이나 욕망은 무엇인가?

2막 - 주인공에게 시련을 주는 부분. 계속 이어지는 사건. 돌이킬 수 없는 결정.

3막 - 가장 중요한 것을 배우고, 그것을 위한 마지막 투쟁. 결말.

영화라면 이러한 구조가 아주 꼼꼼하게 설계되어있어야 하죠. 그래서 재미있는 영화를 보면 롤러코스터를 타는 느낌이 듭니다. 3막 구조를 좀 더 확대해서 6단계로 나누면 다음과 같습니다.

도입: 주인공 소개, 스토리의 공간.

사건 촉발: 주인공이 원하는 것을 빼앗긴다.

점진적 갈등 고조: 갈등의 심화.

위기: 주인공의 선택을 통한 결과.

절정: 가장 큰 약점이 강점으로 전환되는 느낌. 악당과의 마지막 사투.

결말: 모든 부분의 매듭이 이루어진다.

영화나 드라마뿐 아니라, 우리의 인생에도 스토리가 있습니다. 그런데 그냥 생각나는 대로 들려주면 재미가 없겠죠? 그래서 우리의 인생 에피소드를 위의 드라마 구조를 활용해서 재구성해보면 어떨까요? 스토리는 더 강력하게 사람들에게 전달되고, 가장 강력한 마케팅이 될 것입니다.

잘 짜여진 스토리를 만드는 일은 어렵습니다. 관객이 몰입할 수 있는 이야기를 들려주면서도 그 안에 작가의 세계관을 담는 경지에 이르기까지는 엄청난 훈련이 필요할 것입니다. 시나리오 작법서의 교과서와 같은 『시나리오 가이드』에서는 잘 짜여진 스토리의 기본 요건을 다음과 같이 말합니다.

관객이 감정이입을 할 수 있는 '누군가'에 관한 스토리이다.

그 누군가는 '어떤 일'을 하려고 대단히 노력한다.

그 어떤 일은 성취하기가 '어렵다'. 그러나 불가능한 것은 아니다.

그 스토리는 최대한의 '정서적 임팩트'와 관객의 참여를 끌어낼 수 있는 방식으로 전개되어야 한다.

그 스토리는 '만족스러운 엔딩'으로 맺어져야 한다(그렇다고 해서 반드시 해피엔딩이어야 한다는 뜻은 아니다).

🔘 스토리텔링의 실전

스토리의 뼈대

영화, 광고영상, 강연, 대화 등 다양한 방식으로 스토리텔링이 활용되고, 어떤 그릇에 담느냐에 따라 전달하는 방식은 달라져야 할 것입니다. 2시간짜리 영화 서사와 15초짜리 광고 스토리는 당연히 전략이 달라야 하겠죠. 하지만 스토리텔링이 중요하다는 점에서는 이견이 없을 듯합니다. 모든 장르를 만족시킬 수는 없겠지만, 기본적인 스토리의 뼈대를 만드는 방법을 공유해보려 합니다. 이 기본적인 구조만 이해해도 스토리텔링 연습이 많이 될 것입니다.

첫 번째로 중요한 것은 '로그라인logline'입니다. 로그라인이라 하면, 이야기의 핵심 아이디어를 한두 줄로 요약해서 이야기하는 것을 말합니다. 모든 것이 그렇지는 않지만, 대부분의 흥미롭고 강력한 이야기는 한두 줄로 요약이 되는 경우가 많습니다. 영화산업에서는 이것을 '엘리베이터 피치'라고도 부릅니다. 엘리베이터에 투자자나 제작사 대표와 단둘이 타게 되었다고 생각해봅시다. 그

때 우리가 아이디어를 소개해야 한다면 어떻게 말하겠나요? 짧은 시간 안에 흥미를 불러일으킬 수 있도록 해야겠죠. 쉽지 않은 일입니다. 아이디어가 명확해야 하고, 또 실제 흥미로운 이야기여야 하기 때문입니다.

무엇에 대한 영화인가? 이 질문은 중요합니다. 이것은 영화의 핵심입니다. 콘텐츠 기획 강의를 해보면 많은 사람들이 장르만 떠올리거나, 몇몇 장면을 주저리주저리 이야기하거나, 뜬구름 잡는 주제를 정하고 그것이 기획이라고 생각하는 경우가 많습니다. 하지만 그것은 아직 첫발도 제대로 딛지 못한 것입니다. 영화 아이디어의 첫발은 '로그라인'이 명확할 때입니다. 그렇다면 로그라인이란 무엇일까요? 로그라인에는 간단한 인물에 대한 수식어, 이야기의 설정, 그리고 아이러니와 같은 요소가 담겨있습니다. 좋은 로그라인은 그것을 들었을 때 더 구체적인 이야기를 듣고 싶어집니다.

로그라인의 예)

한강에 괴물이 나타나 사람들을 납치해간다. 사랑하는 딸이 납치된 바

보 아빠(강두)는 가족과 함께 딸을 구하기 위해 괴물이 있는 한강 하수구로 찾아간다. - 〈괴물〉

이혼 후 공허한 삶을 사는 남자는 우연히 광고판에서 사랑이 가능한 인공지능 OS 광고를 보게 되어 실행하게 된다. 그는 인공지능 OS에게 서서히 마음을 열고, 사랑의 감정을 느끼기 시작한다. - 〈그녀her〉

이 외에도 수없이 많은 로그라인을 말할 수 있습니다. 중요한 것은 좋은 로그라인은 아이러니라는 점입니다. 좋은 로그라인은 머릿속에서 꽃을 피우고, 구체적인 이미지가 아른거리고, 이야기를 발전시키고 싶은 욕구가 생깁니다. 로그라인을 잘 이해하기 위해서 여러분이 재미있게 본 영화를 2~3줄로 요약해보는 것을 추천드립니다. 그러면 창작자들이 어떤 과정을 거쳐 이야기를 발전시켰는지를 이해할 수 있습니다.

이 아이디어를 스토리로 만들기 위해서는 어느 정도의 구조가 필요합니다. 대부분의 많은 아이디어가 스토리로 발전을 시키지 못해 쓰레기통으로 갑니다. 그 이유는 구조에 대한 이해가 없기 때문입니다. 자신의 아이디어를 다음과 같이 발전시켜 나간다면 스토리로 발전할 수 있을 겁니다.

- 옛날에…   (도입)
- 그리고 매일…   (도입)
- 그러던 어느 날…   (사건촉발)
- 그래서…   (점진적 갈등 고조)
- 그래서…   (점진적 갈등 고조)
- 마침내…   (위기와 절정)
- 그날 이후…   (결말)

우리의 개인 스토리를 만들어도 되고, 회사 창업 스토리를 만들어도 되고, 단편영화 스토리를 만들어도 좋습니다. 이와 같은 뼈대를 활용해 여러분의 스토리를 만들어봅시다. 우리는 우리의 개인 스토리를 누가 궁금해할까? 생각이 들지 모릅니다. 나는 그리 극적인 스토리가 없다고 포기하는 사람이 대다수일 것입니다. 하지만 스토리가 크든 작든, 진실하다면 분명 많은 사람이 공감할 것입니다.

후크hook를 활용하라

사람의 집중력이 지속되는 시간은 평균적으로 8초라고 합니다. 누군가의 시선을 계속 고정시키는 데 판가름이 8초 만에 이루어진다는 것이죠. 유튜브도 영화도 광고영상 음악도 초반 8초 안에 관심을 끌지 못하면 끝난 게임입니다. 그렇게 초반에 고객의 마음을 사로잡는 것을 후크hook라고 부릅니다. 후크는 스토리까지는 아니지만, 흥미를 유발시키기 위한 장치라고 할 수 있습니다. 그래서 인기 유튜브 채널을 보면, 초반에 콘텐츠의 핵심 키워드들, 호기심이 드는 질문들을 빠른 리듬으로 보여준 후 본격적인 이야기를 시작하죠. 영화도 마찬가지입니다. 초반에 추격씬이나 긴장감이 넘치는 장면으로 관객을 사로잡고, 타이틀이 뜬 후 다시 차분히 스토리가 전개되곤 합니다. 그 모든 것이 바로 후크라고 보면 됩니다.

그렇다고 해서 무조건 자극적이고 화려한 오프닝이 좋다는 것은 아닙니다. 종종 저는 예술영화를 보는데, 그리 화려한 오프닝이 아님에도 이야기 속으로 빨려 들어가는 경험을 많이 합니다. 그 이유가 무엇일까, 생각해보면 흥미로운 상황을 제시할 때나, 한 인물의 감정을 포착하는 이미지가 나올 때 더 빠르게 초반에 몰입이 되는 듯합니다.

우리가 어떤 콘텐츠를 재미있게 보았다면 "왜 그랬을까?"를 생각해보는 것은 도움이 됩니다. 훅을 활용해 여러분의 콘텐츠를 더 흥미롭게 만들어보기를 바랍니다.

보편적 주제

스토리와 주제는 긴밀하게 연결되어 있습니다. 주제가 빠진 스토리는 우리의 마음에 오래 남지는 못합니다. 종종 어떤 사람은 "이야기가 재미있으면 되지 주제가 무슨 상관이냐?"고 반문하는 사람이 있습니다. 그런 사람을 굳이 설득할 생각은 없지만, 우리가 재미있게 본 영화나 드라마를 생각해보면 그 안에 주제를 담고 있기 때문인 경우가 많습니다. 그 주제로 인해 우리는 재미를 느끼는 것입니다. 가장 가깝게 최근에 천만 가까이 흥행한 영화를 떠올려보시길 바랍니다. 겉으로 볼 때는 그저 코믹과 액션 외에는 별것 없다고 여길 수 있지만, 이면을 들여다보면 '정의는 승리한다'라든지, '가족애의 무한한 능력'이라든지 주제가 담겨있기 마련입니다. 주제가 빠진 스토리는 아무리 미학적으로 훌륭하다 하더라도, 우리는 무언가 텅 비어있음을 느낍니다. 영화 〈기생충〉이 전 세계가 사랑하는 영화가 된 것은 주제의 영향이 크죠. 계급구조의 주제로 인해서 우리는 그 영화에 공감하고 뼈아프지만 재미도 느끼게 됩니다.

마케팅을 위한 영상을 만드는 일도 마찬가지입니다. 어떤 가치와 보편적인 주제가 담겨있지 않고, 표면적인 정보만 설명하는 마케팅은 실패할 확률이 크겠죠. 독보적인 성공을 거둔 기업들은 대부분 기술 안에 보편적인 가치를 담고 있습니다. 제품을 넘어서 가치를 전달하는 것이죠.

'유튜브'만 생각해보아도 그렇죠? 이것은 동영상 서비스를 제공해주는 기술을 넘어선 가치를 담고 있습니다. 그것이 무엇이죠? 바로 모든 사람들이 생산자, 창작자로 살아갈 수 있다는 가치, 그리고 고급 정보를 평범한 사람들도 접할 수 있는 민주화, 이런 요소들이 기술 안에 내재화되어있기에 지금처럼 어마어마한 산업으로 발전할 수 있었던 것입니다. 이런 가치에 동의한 수많은 지식인들이 오랜 시간을 통해 깨달은 고급 정보를 유튜브에서 공유하게 됩니다. 물론 그것으로 자신의 이익도 있겠지만, 사실 손해도 있습니다. 하지만 이런 가치를 실천하기 위해서 손해를 감수하고 유튜브를 하는 것이죠.

훅hook과 같은 잔기술로 히트 치는 콘텐츠를 지속적으로 만드는 일은 한계가 있습니다. 그 안에 보편적인 가치와 주제를 담고 있을 때 비로소 좋은 기업을 넘어 위대한 기업으로 나아갈 수 있는 것입니다.

상상력이 지식보다 중요하다

마지막으로 다시 강조하지만 좋은 스토리텔링을 함에 있어서 가장 중요한 것은 상상력입니다. 모든 아이들은 예술가로 태어나는데 청소년 시기에 무언가를 외워야 하고 시험성적을 높이기 위한 공부에 익숙해지면서 우리의 상상력은 점점 메마르게 됩니다. 스토리를 만드는데, 학원을 다녀야 한다고 생각하고, 맥북이 있어야 하고, 작법서를 수십 권을 읽어야 이야기를 만들 수 있다고 착각을 합니다. 하지만 그 모든 것은 다 거품입니다. 아이디어가 떠오르면 그것을 종이에 적는 것이 이야기를 만드는 것의 전부입니다. 다른 것은 필요하지 않습니다. 좋은 스토리를 만드는 데에 맥북도 필요 없습니다. 그냥 종이와 펜만 있으면 됩니다. 그리고 말하고 싶은 이야기가 있어야 합니다.

지금 시대는 지식이 많은 사람보다 상상력이 풍부한 사람이 더 빛을 발하는 시대입니다. 넷플릭스와 같은 OTT 플랫폼이 활성화되면서 상상력이 풍부한 작가들이 큰돈을 법니다. 그저 외운 지식을 가르치는 교수나 지식근로자는 언제나 대체 가능한 값싼 인력이 되어갑니다. 대부분 학생의 존경을 받지도 못합니다. 지식을 쌓는 것이 더 사회적 대접을 받는 시기도 있었지만, 지금은 그렇지 않습니다. 상상력이 지식보다 학위보다 더 중요합니다. 그리고 더 어렵습니다. 상상력이 부족한 사람은 비평가가 되거나 선생이 됩니다. 가만히 앉아서 남의 작품에 대해 험담하는 것은 대단해 보이지만 사실 아주 게으른 삶입니다. 5분짜리 단편영화라도 만들어본 사람은 창작이 얼마나 어렵고 용기가 필요한 일인지 알고 있습니다. 그저 시키는 대로 하는 수동적인 태도로는 결코 창작자의 삶을 살 수 없습니다.

또 어떤 사람은 오해해서 상상력과 창의력을 배울 수 있는 학원을 찾을지 모르겠습니다. 하지만 대부분 의미 없는 행위일 것입니다. 상상력을 가르치는 사람조차 상상력이 부족한 경우가 많기 때문이죠. 가끔 영상창작을 제대로 해본 적 없는 사람이 매뉴얼을 정리해서 강의를 하는 경우를 많이 봅니다. 그런 수업은 전혀 동기부여가 되지 않고, 죽은 교육입니다. 창작의 경험이 있는, 상상력이 풍부한 선배들의 인터뷰를 유튜브에서 찾아 듣는 것이 차라리 큰 도움이 됩니다.

과거에는 창작자가 대접을 그리 받지 못했다면, 지금은 상황이 많이 바뀌었습니다. 작가가 큰돈을 버는 시대입니다. 스토리텔러가 되고 콘텐츠 제작자가 된다면 더 상상도 못 했던 미래가 펼쳐질 수 있습니다. 지금 당장 펜을 들고 스토리를 써보기 바랍니다.

스토리 만들기 연습

평소에 만들어보고 싶었던 아이디어를 스토리로 만들어봅시다!

기억에 남는 한 순간을 이미지로 표현해봅시다.

내가 가장 강렬하게 경험했던 사건을 스토리로 만들어봅시다.

"숏shot은 창조를 위한

가장 작은 단위입니다."

CONTENTS
PRODUCTION
CREATIVE

Chapter 3

퀄리티를
높이기 위한
촬영 강의

드디어 촬영을 해야 할 시기입니다. 콘텐츠 제작의 실전 단계라고 말할 수 있습니다. 사실 촬영은 실전이 중요합니다. 대부분의 기술습득은 현장에서 몸이 익숙해질 때까지 하는 수밖에 없겠지만 그래도 우리가 꼭 알아야 할 몇 가지 기본적인 내용을 공유해 보도록 하겠습니다.

　흔히 촬영을 할 때에 사람들은 카메라 기종에 대해서 먼저 생각하는 경향이 있습니다. 과거에는 비싸고 좋은 카메라를 들고 있는 것이 하나의 권력이기도 했죠. 어떤 사람은 작품은 찍지 않고, 장비만 자랑하고 카메라 렌즈를 계속 모으기만 합니다. 그런 태도는 어리석은 일입니다. 창의적인 사람은 내가 가지고 있는 장비를 활용해 창작을 합니다. 내 손에 들고 있는 스마트폰이나 작은 카메라로도 얼마든 좋은 촬영을 할 수 있습니다. 어떤 종류의 카메라를 가지고 있던 촬영의 기본은 변하지 않습니다. 좋은 창작자들은 자신이 가지고 있는 카메라를 들고 나가서 찍습니다.

여러분은 비싼 장비를 자랑하고 테스트만 하는 삶을 살고 싶은가요? 아니면 작은 장비로라도 창작을 하는 창의적인 삶을 살고 싶으신가요? 여러분에게 가장 가까운 카메라를 들고 먼저 연습을 해보시기 바랍니다. 그럴 때 책으로는 배울 수 없는 놀라운 배움의 시간이 될 것입니다. 그럼에도 불구하고 기본으로 알아야 할 이론은 있습니다. 그래서 이 장에서는 변하지 않는 촬영의 진리를 이야기해보려 합니다.

숏shot 단위로 생각하라

　처음 촬영을 하는 사람들이 가장 실수하는 것 중에 하나가 숏
shot 단위로 생각하지 못하는 것입니다. 우리가 보는 영화나 드라마
에 대해서 남들에게 설명할 때에 줄거리를 이야기하는 경우가 많습
니다. 하지만 촬영을 하게 되면 숏 단위로 생각을 해야 합니다. 그
숏들이 쌓여서 이야기가 되는 것이기 때문입니다. 숏shot은 '녹화버
튼을 누르고부터 정지버튼을 누르기까지'가 한 숏입니다. 그 한 숏
은 매우 긴 롱테이크[5] 숏이 될 수도 있고, 아니면 아주 짧은 몇 초짜
리 숏이 될 수도 있습니다. 중요한 것은 그 하나의 숏을 치밀하게
설계해서 찍어야 한다는 점입니다. 스쳐 지나가는 몇 초짜리 숏이
가끔은 영상 전체의 퀄리티를 좌우하기도 합니다. 그 하나의 숏 안
에서 우리가 고려할 점은 사이즈와 앵글, 프레이밍, 조명, 배우의 동

5　흔히 '롱테이크'라고 하면 하나의 숏을 끊지 않고 찍는 숏을 이야기한다. 히치콕이 〈로프〉라는
　　영화에서 영화 전체를 하나의 숏으로 찍는 것을 시도하기도 했고, 최근에는 예술적 야심을 가진
　　감독들이 하나의 씬이나 하나의 시퀀스를 롱테이크로 찍는 것을 시도한다. 대표적으로는 봉준호
　　감독의 〈살인의 추억〉이나 알폰소 쿠아론 감독의 〈칠드런 오브 맨〉, 그리고 샘 멘데스 감독의
　　〈1917〉을 예로 들 수 있겠다. 꼭 이 영화의 롱테이크 장면을 보기를 추천한다.

선, 소품, 연기, 배경, 카메라의 움직임 등 다양할 것입니다.

모든 숏마다 감정이 담겨있고, 정보가 담겨있어야 합니다. 때론 하나의 숏 안에 영화 전체를 관통하는 주제와 정서가 담겨있기도 합니다. 그 숏들이 모여서 좋은 장면이 되고, 그 장면들이 모여서 창의적인 이야기가 탄생하는 것입니다. 숏은 그저 수학적인 단위를 넘어서 창조의 행위를 위한 하나의 단위입니다.

숏을 잘 설계하려면 영상 언어를 알아야 합니다. 우리가 책을 쓰기 위해서 문자 언어를 이해해야 하듯이 영상을 찍기 위해서는 영상 언어를 배워야 합니다. 우리가 감상자로 있을 때에는 영상 콘텐츠를 하나의 덩어리로 받아들이지만, 제작을 할 때에는 숏 단위로 쪼개어서 구성하고 만들기 때문이죠. 그럼 간단하게 영상 언어를 살펴보겠습니다. 최근에 봉준호 감독이 영화 〈기생충〉으로 골든글러브 영화제에서 했던 수상 소감이 화제가 된 적이 있습니다. 그는 이렇게 말했습니다.

"우리는 모두 단 하나의 언어를 쓴다. 영화 언어."

참 멋진 말이죠. 문자 언어는 국가별로 다르고 배우는 것이 오래 걸리지만 영상 언어는 그렇지 않습니다. 그것은 전 세계가 다 이해할 수가 있습니다. 바로 이 점이 영상 콘텐츠를 만드는 매력입니다. 유튜브 크리에이터로 활동을 하다 보면 단순히 국내에서뿐 아니라, 전 세계와 소통하고 싶은 욕구가 생깁니다. 그리고 그것이 가능합니다. 왜냐하면 영상 언어는 전 세계의 언어이기 때문입니다. 우리의 콘텐츠가 국내를 넘어서 전 세계를 향해 뻗어 나아가는 것이 가능합니다. 처음부터 디지털 세대를 살아온 사람들에게는 너무 자연스러운 일처럼 보여질 수 있겠지만, 사실 획기적인 일입니다. '유통의 혁명'인 것입니다.

나의 콘텐츠를 시각화하는 과정에서 다양한 고민을 하는 것이 필요합니다. 스튜디오를 어떻게 꾸밀지, 어떤 배경 앞에서 촬영을 할지, 의상은 무엇을 입을지, 어떤 소품을 활용할지 등. 그런 시각화 과정을 고민하는 것이 바로 콘티 단계입니다. 내가 할 이야기의 내용에 있어서는 당연히 고민을 해야겠지만 이미지 언어에 대해서도 많은 고민이 필요합니다. 어쩌면 더 중요할 수도 있습니다. 결국 크리에이터의 창의력이라고 하는 건 영상 언어에서 나타나기 때문입니다.

영상 언어는 크게 3가지를 저는 중요하게 여기는데, 첫째는 사이즈, 두 번째는 앵글, 세 번째는 '프레이밍'입니다. 이것들은 영상 언어의 가장 기본적인 요소이지만, 이것들만 잘 활용해도 다채롭고 창의적인 표현이 가능합니다.

첫째로, 사이즈는 인물과 피사체를 어떤 크기로 찍을지에 대한

고민입니다. 가령, 한 인물이 눈물을 흘리는 장면을 찍는다고 생각을 해봅시다. 어떤 사람은 클로즈업CU으로 눈물을 흘리는 배우의 얼굴을 가까이서 찍기를 원할 것이고, 어떤 사람은 웨이스트숏WS 정도로 다가가길 원할 것이고, 어떤 사람은 더 담백하게 뒷모습으로 풀숏FS으로 찍기를 원할 수도 있습니다. 때로는 인물보다 공간이 더 중요할 때가 있습니다. 그럴 때는 롱숏LS가 적합합니다. 영상 연출이 어려운 점이 산수처럼 정답이 없다는 점입니다. 다양한 선택의 가능성에서 하나를 선택할 뿐입니다. 다양한 사이즈를 찍어보는 것도 좋겠지만, 그 장면에 가장 적절한 하나의 사이즈를 택하는 것이 어쩌면 더 수준 높은 경지라는 생각이 듭니다. 인물 사이즈의 선택이 중요한 이유는 인물과 관객 사이의 감정적 거리감을 결정하기 때문입니다. 그 거리에 따라서 극적인 감정을 전달할 수 있고, 담백하게 정서가 전달될 수도 있습니다.

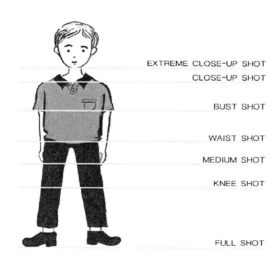

EXTREME CLOSE-UP SHOT
CLOSE-UP SHOT

BUST SHOT

WAIST SHOT
MEDIUM SHOT
KNEE SHOT

FULL SHOT

둘째로, 앵글angle입니다. 피사체를 내려다보는 장면으로 찍을지, 아니면 눈높이로 찍을지, 아니면 올려다보는 앵글로 찍을지 선택하는 일입니다. 크게 3가지로 나누는 것이지만, 더 세밀한 각도의 차이까지 생각하면 이 역시 무한한 경우의 수에서 하나를 택하는 셈입니다. 올려다보는 앵글로 찍으면 인물이나 피사체를 좀더 권위 있는 존재로 여기는 느낌을 줍니다. 내려다보는 앵글은 그 반대의 의미를 주고, 눈높이로 찍는 앵글은 안정적이고 친밀한 느낌을 줍니다. 이렇게 앵글의 차이만으로 하나의 숏의 다양한 의미와 감정을 담아낼 수 있습니다.

흔히 좀 색다른 감각으로 촬영을 잘하는 사람들에게 "앵글감이 있다"라는 표현을 자주 씁니다. 같은 세트에서 같은 피사체를 두고 촬영을 해도 사람마다 다르게 찍기 마련인데, 앵글감이 좋은 사람은 화면의 깊이도 있고, 무언다 색다른 느낌의 이미지를 만들어내는 것입니다. 흔히 뉴스와 같은 영상에서는 창의적인 앵글감보다는 평범한 장면들을 안정감 있게 찍는 것을 좋아합니다. 하지만 나만의 영상미학을 추구하는 사람이라면 앵글감을 키우기 위한 노력을 해보면 좋습니다. 요즘은 브이로그 영상도 영상미가 많이 좋아졌습니다. 보는 즐거움이 있기 때문이죠. 사과나 의자 하나를 찍더라도 우리는 수백 수천 가지 경우의 수에서 한두 가지를 선택해 촬영하는 것을 경험해보길 바랍니다. 카메라 위치를 조금 움직일 때마다 다른 느낌이라는 것을 배울 수 있을 것입니다.

앵글감을 키우는 것은 수없이 촬영을 경험하며 스스로 그것의 느낌을 살펴보는 수밖에 없는 것이죠.

세 번째로, 프레이밍입니다. 모든 카메라는 네모라고 하는 숙명을 가지고 있습니다. 결국 선택과 배제가 있다는 것입니다. 하지만 그런 카메라의 제약성이 반대로 창의성과 예술성을 가능하게 하기도 합니다. 제한된 프레임 안을 어떻게 구성하느냐에 따라서 서사와 장면의 분위기와 의미에 큰 영향을 주기 때문입니다. 촬영을 할 때에 성급하게 찍지 말고 사각형의 프레임을 어떻게 구성을 할지 많은 고민을 하면 좋습니다. 인물의 동선은 어떻게 할지, 어떤 배경에서 찍을지, 배경은 어디까지 보여주는 것이 좋을지 등 다양한 고민을 할 수 있을 것입니다. 프레이밍을 통해서 삶의 진실을 마주하게 될 수도 있고, 반대로 거짓을 담아낼 수도 있습니다. 프레이밍을 고민할 때 도움이 될 수 있는 팁을 드리면, (1) 프레임 안에서 눈에 띄는 선을 찾아라. (2) 사물의 형태를 눈여겨보라. (3) 프레임 속 프레임을 활용하라. (4) 전경에 무언가를 걸치면 깊이감을 더해준다. (5) 가까이, 더 가까이 가라. (6) 대칭적 구도를 활용하라. (7) 프레임 구석구석을 살펴보라. (8) 여백의 미를 활용하라. (9) 규칙을 가감하게 버리라.

최근에는 화면비율이 더 다양해지면서 프레이밍에 대한 고민도 더 폭넓게 할 필요가 생겼습니다. 과거에는 대부분의 최종 상영 스크린은 가로로 긴 16:9나 2.35:1이 대부분이죠. 그래서 고민할 것 없이 가로로 찍으면 되었습니다. 하지만 요즘에는 틱톡과 같은 세로로 영상을 보는 경우도 많아지면서 어떤 화면 비율을 택할지도 굉장히 중요해졌습니다. 가로로 찍던 것을 세로로 돌려서 찍는 것이 1초도 걸리지 않는 일이기도 하지만, 사실 미학적인 부분에서 많이 달라지기도 합니다. 가령, 가로로 찍을 때에는 인물과 공간이 함께 도드라지게 보이는 반면, 세로로 찍을 때에는 공간은 상대적으로 가려지고 인물에 집중하게 됩니다. 그런 점에서 틱톡과 같은 세로 비율 콘텐츠는 한 명의 인물의 매력을 드러내는 것에 유리하겠죠. 여러분만의 영상 미학을 찾아낸다면 소셜 미디어계의 한 획을 긋는 크리에이터로 기록될 것입니다.

이런 매 순간의 고민의 과정이 고통스러울 수도 있지만, 그렇게 숏 하나하나를 정성스럽게 찍어야만 좋은 콘텐츠가 탄생할 수 있을 것입니다. 매 숏마다 사이즈와 앵글과 프레이밍을 고민하는 것이 바로 콘티라고 하는 작업입니다. 대본을 쓰고 바로 찍는 것보다 콘티 작업을 거치면 보다 완성도 높은 콘텐츠를 만들 수 있으리라 생각됩니다.(*콘티 양식은 부록에 첨부하였습니다.)

콘티는 결국 자신의 아이디어를 그림으로 그리면서 구체화하는 작업이라 할 수 있습니다. 특히나 드라마 같은 콘텐츠에서는 콘티가 더 중요합니다. 숏과 숏의 연결이 어떻게 되느냐에 따라서 느낌이 많이 달라지기 때문이죠. 토크나 브이로그와 같은 콘텐츠는 상대적으로 즉흥적인 요소가 많다 보니 콘티의 역할이 희미하기도 합니다. 하지만 영상 콘텐츠를 처음 만드는 분들이라면 콘티 그리기 연습을 해볼 것을 추천드립니다.

봉준호 감독이나 박찬욱 감독은 영화를 찍을 때 콘티가 철저한 것으로 유명합니다. 콘티 작업을 굉장히 오랫동안 하는 것이죠. 사실 제작비 규모가 크고 스태프 인원이 많을수록 콘티의 역할은 더 중요할 수밖에 없습니다. 한 컷 한 컷이 제작비이고, 그에 따라 스케줄이 변하기 때문이죠. 콘티로 인해 감독과 배우, 스태프들의 소통이 원활해지기도 합니다.[6]

콘티에서 중요한 것은 하나의 숏shot을 어떻게 구성하는지도 중요하지만, 숏과 숏의 연결을 어떻게 할지를 구성하는 일도 중요합니다. 영상연출에서 아마추어와 프로의 차이가 여기에서 드러납니다. 영상 앞부분만 보아도 숏의 연결을 얼마나 고민했는지 바로 알 수 있습니다. 하지만 초보자들은 그런 고민을 해야 한다는 것조차 모르는 경우가 많죠. 이런 과정을 흔히 "숏 바이 숏shot by

---

6 봉준호 감독의 〈기생충〉 스토리보드의 일부는 유튜브에서 보실 수 있습니다.

shot"이라고 합니다. 가령, 인물이 공원을 걷는 장면을 보여준다고 하더라도 공원의 풍경을 롱숏으로 보여주고, 그다음에 인물의 모습을 풀숏으로 보여주고, 얼굴을 클로즈업으로 보여주는 단계적인 방법도 있지만, 먼저 공원을 걷는 인물의 발 클로즈업으로 시작하는 방법도 있습니다. 숏의 연결에 따라서 영상이 가지고 있는 정서와 주제가 달라지기 때문에 신중한 고민이 필요합니다. 박찬욱 감독님의 영화를 보면 숏과 숏의 연결, 씬과 씬의 연결이 굉장히 창의적으로 연결되는 경우가 많습니다.

유튜브의 경우에는 영화만큼 콘티를 철저하게 그리는 경우는 없지만, 그래도 콘티가 있으면 훨씬 계획적이고 효율적으로 촬영을 진행할 수 있기 때문에 간단하게라도 콘티 작업을 하기를 추천 드립니다.

삼각대를 사용하라, 줌을 사용하지 마라

이것은 처음 촬영을 하는 사람들에게 주는 조언입니다. 종종 처음 촬영을 하는 사람들을 보면 마음이 조급해서 카메라를 좌우로 휘두르면서 촬영을 하고, 줌 인/아웃을 즉흥적으로 하는 것을 보게 됩니다. 그런 촬영은 그 순간에는 못 느끼겠지만, 편집을 위해 촬영 소스를 다시 보게 되면 하나도 쓸 장면이 없다는 것을 깨닫게 됩니다.

처음 촬영을 할 때에는 삼각대를 활용해서 숏 하나하나를 안정되게 찍는 것이 좋습니다. 삼각대만 잘 활용해도 10배 이상으로 영상의 퀄리티를 높일 수 있습니다. 구도와 앵글, 인물의 동선 등을 더 섬세하게 조율할 수 있기 때문입니다. 귀찮다고 삼각대 없이 막 휘둘러서 촬영을 하게 되면 형편없는 결과물이 나올 확률이 큽니다. 줌 기능도 편하다고 해서 쉽게 쓰는 습관은 좋지 않습니다. 오히려 더블액션과 같은 연결을 시도해보는 것이 좋습니다. 먼저 풀숏F.S으로 인물의 움직임을 찍고 그 이후에 바스트 숏B.S으로 한 번 더 반복해서 찍어서 편집으로 연결을 하는 것입니다.

그러면 줌을 이용해서 한 번에 찍는 것보다 시간은 오래 걸리지만, 더 안정적인 결과물을 얻을 수 있을 것입니다. 꼭 줌을 활용하고 싶다면 디지털 줌을 이용하는 것보다 '발줌'으로 내가 피사체를 향해 걸어가면서 촬영을 하는 것을 추천합니다. '발줌'이 생각보다 고급스러운 장면을 만들어낼 수 있습니다.

요즘에는 스마트폰 촬영을 위한 삼각대도 많이 출시되고 있습니다. 스마트폰으로 콘텐츠를 만드는 사람이 많아지면서 가성비 좋은 장비가 많이 출시되고 있으니 자신에게 어울리는 삼각대를 구입해보길 바랍니다. 유튜브 '월간 작은숲'에서 스마트폰 촬영장비 추천 영상이 있으니 확인해주세요.

카메라 무빙의 기본과 응용

동영상과 사진의 가장 큰 차이는 영상에는 카메라의 움직임이 있다는 점입니다. 그래서 사진작가들이 영상 촬영을 할 때 처음에 어려워합니다. 하지만 몇 가지 카메라 무빙만 익혀도 훨씬 고급스럽고, 영화적인 촬영을 할 수 있습니다.

틸트tilt 업&다운up&down

틸트 업과 다운은 카메라를 삼각대에 고정한 상태에서 수직으로 올리거나 내려서 찍는 것을 말합니다. 가령, 인물의 발에서 시작에 얼굴까지 틸트 업으로 촬영하는 것을 말합니다. 그 외에도 다양하게 응용하는 것이 가능할 것입니다. 인물을 수평으로 찍은 상태에서 카메라를 틸트 업으로 하늘이 보일 때까지 찍을 수 있겠죠. 그리고 다시 틸트 다운으로 내리면 다른 공간으로 바뀌는 장면도 흔하게 많이 봅니다.

사진 카메라 삼각대와 동영상 카메라 삼각대의 가장 큰 차이는 이런 카메라 무빙이 가능한가입니다. 동영상 카메라 삼각대는 손잡이가 달려 있어서 틸트 업&다운을 자연스럽게 구사하는 게 가능합니다. 단순한 움직임 같지만, 이런 카메라 움직임을 통해서 더 경제적으로 정보를 전달할 수 있고, 고급스런 표현이 가능합니다. 예술가 중에서는 틸트 다운을 가지고 미학적인 의미를 부여하는 사람이 있습니다. 대표적으로 봉준호 감독은 〈기생충〉[7]에서 계급의 영상 미학을 보여주는데, 특히 카메라 움직임까지도 수직적인 카메라 움직임을 많이 보여줍니다. '틸트 다운tilt down의 미학'이라고 할 수 있겠습니다. 이렇게 카메라 무빙에서 미학적 특성을 보여주는 감독은 드문데, 이런 것을 보면 봉준호 감독이 왜 세계적 거장이 될 수 있었는지를 알게 됩니다.

---

7 영화 〈기생충〉을 보면 첫숏과 마지막 숏에서 카메라가 수직으로 내려오는 틸트 다운 숏이 나오는데, 이것은 영화의 '계급의 주제'를 영화 미학적으로 보여줍니다.

패닝panning

패닝은 카메라가 축이 고정된 상태에서 수평으로 움직이며 촬영하는 것을 말합니다. 왼쪽으로 움직이는 것은 '좌패닝left panning', 오른쪽으로 움직이는 것을 '우패닝right panning'이라 할 수 있겠죠. 흔히 움직이는 사람을 따라가거나, 넓은 공간을 보여주고자 할 때 패닝을 가장 많이 사용합니다. 그런 장면은 배우지 않아도 본능적으로 활용합니다. 그런데 좋은 창작자들은 이 작은 카메라 움직임에도 큰 의미를 부여합니다.

대표적으로 박찬욱 감독은 〈공동경비구역 JSA〉에서 360도 패닝을 보여주는데, 이것은 흔히 이야기하는 180도 가상의 선을 넘는 문법을 파괴하는 무빙이기도 하면서, 동시에 남한 병사와 북한 병사가 경계를 넘어서 서로 마음을 나누게 되는 주제를 미학적으로 표현한 카메라 움직임이라 할 수 있습니다. 이 영화는 서사로만 보아도 감동스럽지만, 이런 미학적 특성을 생각하고 보면 더 놀랍다는 생각이 듭니다. 또 헐리우드의 젊은 감독은 데이미언 서젤 감독 역시도 패닝을 인상 깊게 쓰는 감독입니다. 〈라라랜드〉나 〈위플래쉬〉 같은 영화를 보면 아주 빠르게 패닝을 하며 한 인물에서 다른 인물로 카메라가 이동하는 것을 보여주는데, 영화에 속도감과 리듬감을 부여해줍니다. 이런 패닝을 '스위시 팬swish pan'이라고 이야기합니다.

유튜브에서는 이런 미학적인 표현까지는 하지 않더라도, 브이로 그 영상 같은 경우에는 패닝을 다양하게 응용할 수 있을 것입니다.

핸드헬드hand held 촬영기법

말 그대로 들고 찍는 것입니다. 사실 난이도가 높은 촬영 기법임에도 아마추어들에게는 더 익숙한 촬영 기법이기도 합니다. 삼각대 없이 스마트폰으로 동영상을 찍는 많은 사람들이 손으로 휘두르며 촬영을 하기 때문이죠. 그런 영상은 산만하고, 편집을 잘 한다고 하더라도 좋은 결과물이 나오기는 쉽지 않습니다. 사실 대부분의 촬영은 '픽스fix⁸로 찍는 것이 좋고, 핸드헬드는 의도적으로 카메라를 약간 흔들어 찍음으로써 긴박한 상황과 감정을 극대화시켜줄 때에 용이합니다. 너무 많이 흔들리면 시청하는 이들이 불편하므로 적절한 흔들림이 좋습니다. 보통 핸드헬드 촬영을 한다고 하면 리허설을 여러 번 하는 것이 좋습니다. 영화에서 유명한 핸들핼드 촬영 중에 〈살인의 추억〉에서 형사가 범죄 현장을 방문하는데, 아수라장 같은 현장의 모습을 담아내는 장면입니다.

---

8 픽스fix 숏은 삼각대를 활용해서 고정으로 찍는 것을 말합니다.

그 장면은 숏의 길이도 길어서 한번 찍을 때마다 필름을 갈아야했는데, 리허설을 여러 번 했으면서도 여러 테이크를 찍어서 명장면이 탄생했다고 합니다. 그만큼 난이도가 높은 카메라 움직임이기에 아무 생각 없이 휘두르며 찍지 않기를 바랍니다.

짐벌 숏

짐벌을 활용한 촬영을 통해서 부드럽고 고급스러운 무빙을 줄수 있습니다. 흔히 인물을 따라가는 장면이나 롱테이크 숏을 촬영할 때 많이 사용됩니다. 과거에는 짐벌이 아주 비싼 장비였는데, 요즘에는 스마트폰 촬영장비도 잘 나와서 가성비 있는 저렴한가격으로 짐벌 숏을 구사할 수 있게 되었습니다. 오즈모모바일시리즈에서 나오는 짐벌을 추천합니다. 짐벌을 활용하면 긴 롱테이크 장면에서도 부드러우면서도 역동적인 촬영을 할 수 있게 됩니다. 영화 전체가 하나의 숏처럼 디자인된 〈1917〉이라는 영화를보면 영화의 대부분을 짐벌 숏으로 촬영을 하였습니다. 마치 하나의 숏처럼 구성한다고 해서 '원 콘티뉴이스 숏'이라고 말하기도 합니다. 그것은 영화적 시간과 현실의 시간이 일치하게 만드는 미학적 특성이 있습니다. 인물의 움직임을 계속 따라가면서 찍어야 하기에 너무 흔들리면 보는 사람들이 불편할 수 있기에, 짐벌 숏을 통해서 부드럽게 인물의 움직임을 담아내게 됩니다.

달리 숏dolly shot

달리 숏은 바닥에 레일을 깔고 레일을 따라서 카메라 움직임을 주는 촬영기법입니다. 장비가 많이 필요한 촬영기법인만큼 저예산 영상촬영 현장에서는 핸드헬드나 짐벌 숏으로 대체하기도 합니다.

고가 장비이므로 스마트폰으로 촬영할 경우에는 휠체어나 자전거와 같이 바퀴가 달린 도구를 이용해서 비슷한 효과를 낼 수 있습니다. 달리 숏으로 인물에게 다가가면 그가 아주 중요한 인물인 것처럼 느껴집니다. 그리고 뛰어가는 인물을 담아낼 때에도 달리 숏으로 찍게 되면 안정적이면서도 역동적인 장면을 얻을 수 있습니다.

자연광을 활용하라, 창의적으로 빛을 제어하라

조명이 충분하면 모르겠지만, 자연광을 조명으로 활용해서 촬영을 해야 할 때에는 빛을 등지고 촬영을 하는 것이 좋습니다. 그러면 더 깨끗한 장면을 담아낼 수 있을 것입니다. 많은 촬영감독들이 태양만큼 좋은 조명은 없다고 이야기합니다. 조명장비가 부족한 것을 탓할 수도 있겠지만, 자연광을 잘 활용하는 방법을 고민하는 것이 더 현명할 것입니다. 언제나 창의성은 부족함 속에서 탄생합니다. 자연광이라 할지라도 시간대에 따라서, 그리고 날씨에 따라서, 카메라의 위치에 따라서 그 빛의 표현이 다양합니다. 흔히 영화를 빛의 예술이라고 하죠. 처음에는 저는 이 말이 무슨 말인지 몰랐습니다. 하지만 이미지예술에 대해서 계속 공부할수록 빛이라고 하는 것이 장면의 뉘앙스와 감정에 얼마나 큰 영향을 주는지를 깨닫게 되었습니다. 빛의 광량의 차이에 따라서, 빛의 콘트라스트에 따라서 이미지의 느낌이 많이 다릅니다. 사진도 그렇지만 영상은 '빛의 예술'입니다. 좋은 창작자는 빛으로 그림을 그리듯이 촬영을 합니다. 빛을 활용하는 방식에 따라 영상의 정서가 바뀌고 장르가 바뀝니다. 대본만 잘 쓴다고 좋은 결과물이 저절로 따라오지 않습니다. 카메라에 대한 이해가 필요합니다. 그림을 그리는 사람은 붓과 물감에 대해 이해해야 할 것이고, 요리사는 칼과 재료에 대해 이해해야 하듯이, 영상제작자는 카메라에 대해 잘 이해해야 합니다.

평소에 우리 주변의 빛과 조명에 대해서 많이 관찰할 수 있기를 바랍니다. 빛을 잘 활용한다면 그 가장 매혹적인 이미지를 만들어낼 수 있을 것입니다.

빛을 다루기 위해서는 3가지 개념을 이해해야 하는데, 셔터 스피드와 조리개와 감도입니다. 이 3가지는 빛을 제어하는 일이기에 중요하고, 여기서 기본적인 개인의 창의성이 발휘됩니다.

첫째, 셔터 속도는 빛이 카메라로 들어오는 시간을 조절합니다. 조명이 어두우면 셔터속도를 느리게 지정하고 밝다면 빠르게 설정합니다. 느린 셔터 속도는 움직임을 흐리게 포착합니다. 그것은 자칫 잘못 촬영되었다고 오해받을 수 있지만, 사실 아주 예술적인 작품으로 승화되기도 합니다. 느린 셔터 속도로 촬영을 할 때에는 카메라를 움직이지 않도록 주의합니다. 삼각대가 필수입니다. 반대로 피사체의 움직임을 순간적으로 포착하기 위해서는 셔터 속도를 빠르게 지정합니다.

둘째, 조리개는 광량을 조절합니다. 우리가 흔히 여친 렌즈라고 해서 배경을 날리고 인물에게 집중시키는 촬영을 하고 싶어 하는데, 그러기 위해서는 얕은 피사계 심도를 확보해야 하고, 조리개를 열어야 가능합니다. f 넘버가 낮아야 하는 것입니다. 피사계 심도는 클로즈업으로 촬영할 때에 가장 얕아집니다. 우리가 인물이나 물건을 배경을 흐릿하게 하고 싶으면 클로즈업으로 촬영하면 됩니다. 이런 촬영은 우리가 눈으로 보는 것과는 다르게 보이기 훨씬 더 낯설고 그런 이미지에 사람들이 더 매혹됩니다. 하지만 꼭 얕은 피사계 심도만이 좋은 촬영은 아닙니다. 반대로 조리개를 좁게 개방(높은 F 넘버)하면 전경부터 배경까지 프레임 전체에 초점이 맞추어 선명하게 되는데 이러한 숏도 미학적으로 훌륭할 때가 있습니다.

셋째, ISO 감도는 카메라가 빛에 민감하게 반응하는 정도를 조절합니다. 주위가 어두우면 빛을 최대한 활용해야 하므로 ISO 감도를 높여 카메라가 빛에 반응하는 능력을 증대시킵니다. 주위가 밝은 경우는 반대입니다. 흐린 날에 적절한 ISO 감도는 400입니다. 주의할 점은 ISO 감도가 높을수록 이미지에 '노이즈'가 생길 확률이 커진다는 점입니다.

빛을 제어하려면 이 3가지 기능을 이해하고 활용해야 하는데, 특히나 셔터 스피드와 조리개는 창의력이 요구되는 부분이기에 촬영을 많이 해보아야 습득할 수 있습니다. 모든 배움이 그렇듯이 아무리 책을 많이 읽어도 직접 해보지 않으면 절대 깨우칠 수가 없습니다.

많은 사람들이 '좋은 촬영을 위해서 꼭 수동 모드로 촬영을 해야 하는가?'라고 묻습니다. 하지만 초보자가 수동 모드로 촬영하면 오히려 찍어야 할 것을 못 찍고 최악의 영상 결과물을 가져오는 경우가 있습니다. 그것보다는 P(프로그램) 모드로 찍되, 노출 보정을 통해서 이미지 전체 톤을 조절하는 것을 추천합니다. 피사체를 밝게, 혹은 어둡게 크리에이터가 정하는 것입니다. 특히 역광을 촬영할 때 효과적인데 배경을 날리고 인물의 표정이 보이게 촬영을 할지, 아니면 인물은 실루엣으로 보이고, 창밖 배경을 선명하게 보여줄지를 정할 수 있습니다. 그림자의 세부묘사도 노출 보정을 통해서 정할 수 있습니다. 스마트폰 카메라의 장점은 오히려 자동으로 찍으면서도 좋은 결과물을 얻을 수 있다는 점입니다. 스마트폰 카메라 성능이 점점 좋아지고 있어서 초보자의 경우에는 그것을 추천드리는 편입니다.

그리고 화이트 밸런스WB도 알면 좋은데, 그것은 색상을 제어합니다. 눈으로 보이는 것과 같은 색상으로 맞추기도 하고, 반대로 의도적으로 푸른색이나 주황색을 띄게 할 수도 있습니다. 그것은 감정적인 반응을 끌어냅니다. 일반적으로는 자동 화이트 밸런스

AWB로 맞추면 괜찮습니다.

촬영에서 빛이 중요합니다. 빛이 바뀌면 아름답게 빛나던 것도 한순간에 평범한 것이 되어버립니다. 반대로 평범하던 것이 아름다워집니다. 종종 촬영이 빛의 예술이란 것을 모르는 사람은 촬영을 대충 하고, 자막과 CG 효과로 영상을 도배를 하는데, 그것은 콘텐츠의 질을 떨어트리게 됩니다. 물론 너무 상황이 재미있어서 부족한 부분을 사람들이

눈치채지 못하는 경우가 많지만, 그래도 이왕이면 촬영을 잘한다면 더욱 독자를 매혹시키는 결과물을 만들어낼 수 있을 것입니다. 우리가 빛에 대해서 배울 수 있는 유일한 길은 관찰하는 것뿐입니다.

빛이 어떻게 공간이나 인물에 깊이감을 주거나 평범하게 만드는지를 주목하길 바랍니다. 빛을 다루는 방식에서 결국은 미학이 나타납니다. 현재 유튜브 콘텐츠에서는 미학 담론이 부족합니다. 실용성이 중요한 플랫폼이기 때문이죠. 그런 강좌는 넘쳐납니다. 하지만 저의 글을 읽으신 분들이라면 유튜브 안에서도 유니크한, 자신만의 미학을 담아내시기를 바랍니다. 나만의 결이 있는 콘텐츠를 만든다면 어느 누구도 따라 할 수 없는 독보적인 채널이 될 수 있을 것입니다.

사운드에 신경을 쓰라

촬영을 할 때에 사운드적인 면에서도 신경을 써야만 합니다. 우리는 흔히 촬영을 할 때 눈에 보이는 그림에만 신경을 쓰느라 사운드를 놓치는 경우가 많은데 그렇게 되면 좋은 결과물을 얻어낼 수가 없습니다. 영상에서 사운드가 가지는 비중이 생각보다 크기 때문입니다. 우리의 머릿속에 떠오르는 명장면을 다시 찾아봅시다. 그리고 거기서 사운드를 없앤다면 어떨까요? 매우 밋밋한 장면이 된다는 것을 깨달을 수 있을 것입니다. 그만큼 사운드가 중요합니다. 특히 유튜브 콘텐츠에서 사운드가 취약한 것을 많이 발견합니다. 그것이 당연히 이루어지는 것이라고 오해하기 때문이죠. 거슬리지 않는 사운드를 만드는 데에는 엄청난 노력이 필요합니다. 유튜브는 사실 어쩌면 영상보다 사운드가 더 중요하다고 말할 수도 있습니다. 사운드가 안 좋으면 사람들은 시청을 포기합니다. 영상은 스마트폰으로 찍어도 충분하지만, 사운드는 더 공을 들여야 합니다.

미디어 사운드라고 하면 크게 3가지를 이야기합니다. 첫째는 '대사' 둘째는 '효과음' 셋째는 '음악'입니다. 이 3가지 요소를 적절하게 조율하는 것이 바로 사운드 편집과정이라고 할 수 있습니다. 우선 대사가 잘 들려야 한다는 것은 누구나 쉽게 생각할 수 있습니다.

요즘 스마트폰은 오디오 기능도 개선이 많이 되어서 방음이 잘 되는 집에서 촬영을 하게 되면 녹음도 꽤 잘됩니다. 하지만 대사가 있는 드라마나 토크 방송을 하고자한다면 더 좋은 마이크를 사용하기를 추천드립니다. 마이크는 크게 다이나믹 마이크와 콘덴서 마이크로 구분을 하는데, 방음시설이 잘 갖추어진 스튜디오에서 촬영을 할 경우에는 콘덴서 마이크를 추천하고, 그렇지 못한 경우에는 다이나믹 마이크를 사용할 것을 권합니다. 영상 콘텐츠의 퀄리티를 사운드가 좌지우지하는 것을 사람들이 잘 모르는 경우가 많습니다. 특히 드라마나 토크 방송인데 사운드가 적절하지 않으면 시청자들은 10초도 집중하기 어려울 것입니다.

음악의 중요성은 말하지 않아도 다 알 것입니다. 음악은 영상에 감정을 부여하기도 하고, 또 지루한 요소를 줄이는 역할, 장면과 장면을 자연스럽게 연결시켜주는 역할 등 다양한 용도로 활용됩니다. 특히나 브이로그나 드라마같이 감정이 중요한 콘텐츠일수록 음악의 비중은 클 것이고, 정보를 전달해주는 것이 중심인 콘텐츠라면 음악은 보조적인 역할로 활용되겠죠. 분명한 것은 음악은 영상의 심장과도 같은 역할을 할 때가 많다는 점입니다. 크리스토퍼 놀란 감독의 〈인셉션〉을 보면 한스 짐머와의 놀라운 협업을 체험할 수 있습니다. 여러 시간의 층위를 보여주는 복잡한 플롯이 담긴 이야기를 음악이 본능적으로 시청자들에게 이해할 수 있도록 하고 있습니다. 크리스토퍼 놀란 감독의 영화에서 음악은 정서적인 역할을 넘어서 스토리의 핵심과 맞닿아있다고 할 수 있습니다. 유튜브의 음악도 나날이 진화하고 있고, 콘텐츠의 질을 좌우한다는 것은 명확합니다. 유튜브에서 무료 음악을 제공하고 있는데, 평소에 좋은 음악들을 수집해놓기를 추천합니다.

마지막으로 효과음은 무엇일까요? 종종 그것의 중요성을 놓치는 경우가 많습니다. 특히나 현장음의 중요성을 생각하지 못합니다. 많은 사람들이 영상에 잡음이 많이 들어가는 것이 싫어서 현장음을 다 없애고 음악으로 대체하는 편집을 시도합니다. 이런 방법은 아주 게으른 태도입니다. 현장음이 장면을 더 풍요롭게 할 수 있다는 것을 기억해야 합니다. 사람들의 걸음소리, 아이의 울음소리, 경찰차 소리 등 일상의 작은 소리들이 장면에 더 현실감을 주고, 몰입하게 하는 중요한 요소가 되곤 합니다. 미디어 사운드에서 그 현장에서 들리는 가장 기본적인 소리를 '엠비언스ambiance'라고 이야기합니다. 공간의 자연적인 소리를 말한다. 엠비언스는 같은 공간이어도 시간대에 따라서, 계절에 따라서 변할 것입니다. 이 소리는 마치 도화지와 같은 역할을 합니다. 이 위에 대사와 효과음이 얹어집니다. 이 엠비언스가 제대로 녹음이 되지 않으면 영상마저도 자연스럽게 연결되지 않는 듯한 느낌을 받습니다. 그렇기 때문에 촬영에 대한 고민을 할 때에 사운드에 대한 고민도 같이 해야만 합니다. 사운드도 함께 디자인할 수 있을 때 더 창의적인 결과물이 가능합니다. 평이한 사운드 편집은 평이한 영상 결과물에 머물게 합니다. 종종 영상의 퀄리티가 높아 보이는 콘텐츠가 알고 보면 사운드 때문인데 우리가 그것을 놓치는 경우가 많습니다.

현장음 역시도 폴리foley[9]작업을 통해서 다시 녹음을 한다면 훨씬 생동감 있는 소리를 얻을 수 있을 것입니다. 카메라에 자연스럽게 녹음된 현장의 소리는 잡음도 많이 들어가고 그 소리가 작기 때문에 스튜디오에서 현장의 소리들, 가령 문을 여닫는 소리라든지, 걷는 소리라든지, 샤워하는 소리라든지, 음식을 먹는 소리라든지 이런 소리들을 다시 녹음을 하는 것이 바로 폴리 작업입니다.

음악에 대해서 마지막으로 강조하고 싶습니다. 음악은 영상의 심장과도 같습니다. 음악으로 인해서 영상에 의미부여가 생기고, 편집의 리듬에까지 영향을 주기 때문입니다. 우리가 기억하는 대

---

9 완성된 영상을 보며 소리를 생동감 있게 스튜디오에서 녹음을 하는 이들을 폴리 아티스트foley artist라 부른다. 우리가 자연스럽게 느껴지는 소리들이 사실은 폴리 아티스트에 의해서 만들어진 소리일지도 모른다. 그들은 다양한 재료를 활용해서 소리를 창조한다는 점에서 아티스트가 분명하다.

부분의 명장면은 이미지와 좋은 음악이 함께 맞물리면서 만들어지기 마련입니다. 음악이 빠진 영상은 생각보다 지루하고 밋밋합니다. 음악을 통해서 장면에 생명력이 부여가 됩니다. 그러므로 미디어 사운드의 중요성을 꼭 잊지 않길 바랍니다.

완성도에 대한 기준을 높여라

　우리가 촬영을 할 때에 스스로 기준을 높이는 태도가 중요합니다. 이것은 예술적인 야심의 영역일 수도 있고, 기본적인 태도의 문제이기도 합니다. 너무 게으르고 안일한 태도로 촬영하는 것이 아니라, 좋은 장면을 만들겠다고 하는 야심도 어느 정도는 필요합니다. 완성도에 대한 기준을 높여서 진행을 해도 항상 부족하고 아쉬움이 남기 마련인데, 그마저 없다면 형편없는 결과물이 나올 확률이 크지 않을까요? 그러므로 스토리 단계에서부터 콘티, 촬영, 편집 단계까지 매 순간 최선을 다하는 태도가 아주 중요합니다. 그렇다고 해서 단순히 남들에게 과시하기 위한 완성도가 아니라, 스스로에게 부끄럽지 않은 장면을 만들도록 노력해봅시다. 이 글을 읽는 당신이 만들어낼 콘텐츠를 기대합니다.

'결정적 순간'을 기억하라

'결정적 순간'이라는 표현은 위대한 프랑스 사진작가 카르티에 브레송이 했던 이야기입니다. 사진은 일상의 한 순간을 포착하는 일인데, 결정적 순간을 담아낸다면 그 사진은 신비롭고 더 빛날 수 있을 것입니다. 나의 집, 동네를 찍더라도 카메라를 어디에 두느냐에 따라서 예술이 될 수 있습니다.

동영상 역시도 사진과 마찬가지입니다. 지금은 카메라가 너무 흔한 장비이다 보니 아무런 생각 없이 동영상 녹화버튼을 누르는 경우가 많은데, 그러면 좋은 결과물을 얻기는 힘들 것입니다. 동영상을 찍을 때에도 '결정적 순간'을 담아내어야 합니다. 그것은 결코 스포츠 경기의 극적인 순간만을 의미하지는 않습니다. 아주 일상적이고 느슨하며 평범한 상황에서도 나 자신에게 '결정적 순간'으로 느껴진다면 그것만으로 충분합니다. 그런 영상은 분명 깊이가 다르게 느껴집니다.

결국은 카메라 기종이 중요한 것이 아니라, 나의 시선이 중요합니다. 어떤 사람은 세상을 그저 스처지나가듯이 바라보는 반면,

좋은 예술가는 아주 작은 변화에도 민감하게 반응을 합니다. 결국은 내가 '본 것'을 촬영할 수 있습니다. '본다'라는 것은 생각보다 중요한 의미를 담고 있습니다. 현대인들은 창의성 교육에 대해 관심이 많은데, '창의성이 어디서 오는가?'라고 누군가 질문한다면, '보는 것'에서 온다고 말해도 과언이 아닐 것입니다. 시각장애를 가졌던 헬렌 켈러Hellen Keller는 '본다'는 것이 얼마나 소중한 일인지를 이야기하는『사흘만 볼 수 있다면』이라는 책을 쓰기도 했지요.좋은 촬영을 위해 꼭 해외나 명소를 찾아갈 필요 없습니다. 우리 주변의 일상의 공간을 주의 깊게 보고 그 안에서 '결정적 순간'이라 느껴지는 것을 촬영한다면 그것이야말로 가장 강력하고 창의적인 영상이라 생각됩니다. 창의성은 멀리 있지 않습니다. 저도 단편영화를 찍을 때 집과 가까운 곳을 배경으로 많이 찍었는데, 항상 좋은 결과가 나타났습니다. 일상적인 공간도 카메라를 어디에 두느냐에 따라서 예술이 됩니다.

지금 여러분이 있는 공간을 낯설게 바라보고 새롭게 보시길 바랍니다. 거기에서 크리에이티브가 발현됩니다. 그곳이 집이든, 직장이든, 학교이든, 동네 골목이든, 자주 가는 카페이든 상관없습니다. 익숙한 공간을 새로운 시선으로 바라보고 한 걸음 더 세밀하게 관찰하는 주의력을 키우는 것이 중요합니다. 창의력은 가장 가까운 곳에서 시작되고, 가장 개인적인 것에서 시작됩니다.

뺄셈의 미학을 기억하라

영상 안에 다양한 정보를 담을 때 너무 많은 정보를 담아내려 하면 오히려 미학적인 요소가 느껴지지 않고, 집중도도 떨어진다는 것을 알 수 있습니다. 영상은 사각 프레임이라고 하는 제한된 요소만을 담아낼 수 있기에, 너무 욕심을 부리면 시선이 분산되고 완성도도 떨어지게 됩니다. 버리면 버릴수록 더 아름답고 주제가 선명하게 드러납니다.

보통 처음 영상을 찍기를 시도하는 분들이 지나치게 욕심을 부리다가 결과가 망치는 경우가 있습니다. 오히려 단백하고, 명료하게 영상을 구성할 때에 더 효과가 크고, 완성도가 높게 느껴질 수 있습니다. 프로들의 작품을 보면 영상 이미지가 완벽하게 컨트롤되어있다는 느낌이 듭니다. 그 이유는 바로 '뺄셈의 미학' 때문입니다. 의도와 의미가 담겨있는 것만 남겨두고 프레임 밖으로 제외시킬 때 더 고급스러운 느낌이 듭니다. 현명한 창작자는 최소한의 것으로 최대의 효과를 냅니다. 그러면 불필요하게 몸이 고생하는 것도 줄어듭니다.

스마트폰 촬영을 위한 어플 소개

어플리케이션	용도
Filmic Pro	일반적인 카메라처럼 노출이나 셔터 스피드, 포커스 등을 수동으로 조정하여 촬영할 수 있는 어플
Shot Disigser	촬영 전에 배우의 동선과 카메라의 위치를 설계할 때 사용하는 어플입니다. 지난 시간에 콘티에 대해서 배웠는데, 그것을 더 구체적으로 설계할 수 있도록 돕습니다.
Artemis	다양한 렌즈의 화각을 볼 수 있는 어플
Action Movie	다양한 CG 합성 영상을 만들 수 있는 앱(아이폰 전용)
Lapse It	타임랩스 촬영을 위한 앱
Stop Motion	애니메이션 영상 스톱모션 촬영을 위한 앱
Toon Camera	실제 사진은 만화처럼 바꾸어주는 앱

"스피치는 단순히 정보의 나눔이 되어서는 안 된다.

스피치는 너 자신을 나누는 것이다."

랄프 아크볼드

CONTENTS
PRODUCTION
CREATIVE

Chapter 4

토크 방송을 만들 때
스피치에 대하여

유튜브 촬영에서 많이 간과하고 넘어가는 부분이지만 정말 중요한 것이 바로 '스피치'입니다. 특히 토크 방송에 있어서서 스피치가 아주 중요합니다. 촬영과 편집에만 관심이 있고, 스피치에 관심이 없다면 좋은 토크 방송을 만들기는 어려울 것입니다.

대본도 다 작성하고, 장비세팅도 완벽하게 되었는데 카메라 앞에서 머릿속이 하얗게 되는 경우가 있습니다. 영화 〈킹스 스피치〉[10]라는 영화를 보면 마이크 앞에만 서면 작아져서 말을 더듬는 지도자가 나오는데, 왠지 남 일 같지가 않죠. 1인 방송을 시작해보면 처음에는 기술적인 요소가 더 어렵고 중요한 것처럼 보이지만, 실제로 콘텐츠를 만들기 시작하면 오히려 '스피치(말하기)'의 요소가 더 본질적이고 중요하다는 것을 깨닫게 됩니다. 영화를 보면 왕이 더듬는 이유는 심리적인 이유가 크다는 것을 깨닫게 됩니다. 어릴 때의 상처가 그를 계속 압박하여 말할 때에 자신이

---

10 톰 후퍼 감독, 콜린 퍼스 주연의 영화. 2010년 개봉작. 그해 아카데미 영화제에서 4관왕을 했다.

없는 것입니다. 하지만 멘토가 그의 심리를 이완시켜주자 그는 결국 명연설을 하는 데에 성공합니다. 스피치를 할 때에 이 영화는 큰 통찰을 줍니다. 자꾸 긴장이 되는 사람이라면 심리적으로 편안한 상태를 상상해보길 바랍니다. 아니면 앞에 친구나 동생 한 명이 있다고 생각하고 말하는 것도 중요합니다. 그런 편안한 마음가짐에서 하는 것이 중요합니다. 카메라 앞에서는 절대 빈틈을 보이지 않는다고 생각하면 너무 스트레스를 받아서 오래하지 못할 것입니다. 처음에는 1~3분 사이의 방송을 목표로 해보고, 조금씩 늘려나가는 것도 좋은 방법입니다.

어떤 사람은 서서 말할 때와 앉아서 말할 때 너무 다른 모습을 보여주는 경우가 있습니다. 카페에 앉아서 수다를 나눌 때에는 달변가였는데, 강의실에서 발표할 때에는 너무 경직되어서 연설하듯이 말하는 것입니다. 그러면 전달력이 떨어지게 됩니다. 앉아서 말할 때처럼 서서도 말할 수 있어야 합니다. 친구 한 명에게 이야기하듯이 카메라 앞에서도 말하는 것입니다. 그럴 때 오히려 더 진실해지고, 전달력도 높아지게 됩니다. 저도 팟캐스트를 진행할 때에 사석에서 재미있는 분들을 게스트로 모시는 경우가 많았는데 마이크 앞에서는 너무 경직된 모습을 보여주어 실망한 적이 있습니다. 긴장이 이완되지 않은 것이죠. 물론 공적인 장소에서 지나치게 사적인 장소처럼 말을 한다고 해도 그렇게 좋은 평가는 받지 못할 것입니다. 말의 실수가 남발될 확률이 크겠죠. 어느 정도 적절한 선을 스스로 찾아야 합니다. 다양한 경험을 통해 가능하겠죠.

　지금은 말하기가 중요한 시대입니다. 과거에는 많은 전문가들이 글로써 소통을 했습니다. 논문을 써서 학회에 발표하거나 교양도서를 써서 대중과 소통했습니다. 하지만 지금은 자신의 전문 지식을 말로 쉽게 설명할 수 있는 커뮤니케이터의 역할이 중요해진 시대입니다. 좋은 커뮤니케이터가 많이 나타날수록 그 분야의 산업 자체가 더 활발해지는 경향이 있습니다. 가령, 과학 분야를 생각해보아도 과학 커뮤니케이터들이 쉽게 일상 속에서 과학의 원리를 설명해주어서 과학에 대한 호기심을 증가시키고, 결국 그것은 과학연구 활성화의 결과를 가져왔죠. 영화도 마찬가지입니다. 과거에는 평론가들이 글로서 자신의 생각을 표현했지만, 지금은 그런 어려운 글을 읽으려는 사람은 별로 없습니다. 오히려 말로써 쉽게 영화를 해석하는 리뷰어의 역할이 중요해졌고, 그들로 인해서 결국 영화를 소비하는 문화가 더 확대되고, 결국 창작자에게도 긍정적인 영향을 줍니다. 그러므로 강의 콘텐츠를 만들려는 이들은 반듯이 스피치에 대한 공부를 해야 할 것입니다.
　우리가 쉽게 적용할 수 있는 스피치에 대한 5가지 기술을 공유하고자 합니다. 이것만 기억하고 훈련한다면 이전보다 더 나은 말하기 능력을 갖게 될 것입니다.

첫째는, 자신의 '가장 맑은 소리'를 찾으라. 모든 사람은 각자 자신만의 특색이 담긴 목소리를 가지고 있고, 그 안에서 가장 맑은 소리를 가지고 있기 마련입니다. 그 소리를 찾게 된다면 훨씬 듣기 좋은 방송을 만들 수 있습니다. 의욕이 앞서면 보통 지나치게 크게 이야기하는 경향이 있는데, 그러면 오히려 듣는 사람이 집중력이 떨어지고, 시끄럽게 느껴지기도 합니다. 자신의 '공명 소리'를 찾아서 방송을 할 때에 말하는 사람도 편하고, 듣는 사람도 듣기 좋은 방송이 가능합니다.

둘째로, 소리의 리듬감을 만들어라. 강연이나 방송을 잘하는 사람들을 보면 말에 리듬이 있는 것을 발견할 때가 있습니다. 긴 이야기를 지루하지 않게 전달하기 위해 그런 리듬감을 만들어낼 수 있으면 좋습니다.

셋째로, 전달하고자 하는 '고유명사'를 강조하라. 듣는 사람이 우리의 모든 이야기를 기억하지는 못할 것입니다. 중요한 키워드들을 강조해서 이야기한다면 청중이 더 쉽게 우리의 이야기를 이해할 수 있을 것입니다.

넷째로, 3P를 기억하라(pace, pause, pitch). 자신의 말의 스피드를 생각해야 하고, 또 잠시 멈추는 기술, 그리고 말의 음량의 높낮이 역시도 고려하면 좋습니다. 이 3P를 적절하게 활용한다면 훨씬 효과적인 말하기가 가능합니다. 물론 우리의 스피치는 배우의 대사처럼 모든 문장이 완벽하게 설계되기보다는 즉흥적인 요소가 많기 때문에 완벽하게 계산하여 말하는 것은 쉽지 않을 것입니다. 하지만 우리의 방송을 여러 번 모니터링하면서 자신의 말하기 습관을 조금씩 고쳐나간다면 많이 개선해 나아갈 수 있으리라 생각됩니다.

다섯째로, 스토리텔링이 필요하다. 유명한 강연이나 베스트셀러 책을 보면 초반에 청중이나 독자가 빨려 들어올 수 있도록 흥미로운 에피소드를 들려주는 경우가 많습니다. 그러면 이야기를 듣는 사람의 마음이 열리게 되고 좀 더 쉽게 이야기의 본론으로 안내할 수 있게 됩니다. 그것은 개념과 달리 생생하기 때문입니다. 이러한 스토리텔링과 사례 들기의 중요성에 대해 '삼프로TV' 이진우 기자는 이야기합니다.

"보통 사례를 들지 않으며 얘기하는 사람들이 왜 그런지 아시나요? 잘 모르기 때문이에요. 사례를 찾는 능력은 그 사람이 갖고 있는 콘텐츠의 시작이자 끝입니다. 피상적으로만 알고 있으면 사례를 못 들어요. 부모님께 효도해야 한다는 말은 누가 못하나요? 하지만 어떤 사례를 들어 효도에 대해 이야기하는지를 들어보면, 비로소 그 사람 콘텐츠의 깊이를 알게 되죠."

유튜브를 시작하며 가장 좋은 점은 스피치 훈련을 할 수 있다는 점입니다. 자신이 좋아하는 소재를 정하고, 더 작게 하나의 주제를 정해서 3분 스피치를 해봅시다. 직접 카메라 앞에서 말을 해 보면 3분도 결코 짧은 시간이 아니라는 것을 깨닫게 됩니다.

3분 스피치를 위한 대본을 작성해봅시다!

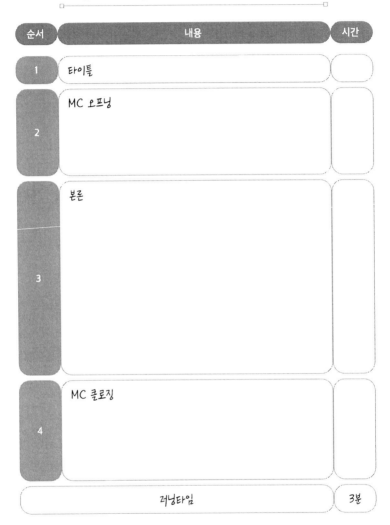

순서	내용	시간
1	타이틀	
2	MC 오프닝	
3	본론	
4	MC 클로징	
	러닝타임	3분

🔘 나는 왜 말하는가?

스피치에 대해 고민할 때에 스킬이 아닌, 본질적으로 생각해야할 부분이 있습니다. "나는 왜 말하는가?"에 대한 것입니다. 1인방송을 한다는 것은 결국 말을 하는 행위인데, 나는 왜 말하는지 낯설게 성찰해보길 바랍니다.

첫째는 '표현'의 욕구입니다. 유튜브를 한다는 것은 가장 기본적으로 나를 표현하고 싶은 욕구와 연결됩니다. 가령, 너무 노래를 좋아하는 사람은 음악으로 표현하는 방송을 만들면 될 것입니다. 그리고 그림을 좋아하는 사람은 그림으로 표현하고. 아마도 예술적 재능이 있는 사람은 그런 표현의 욕구가 본능에 있을 것이고 유튜브는 그들에게 날개를 달아줍니다. 유튜브의 핵심은 표현입니다. 그렇기에 창작의 과정이 즐거운 것입니다. 물론 조회수와 구독자 수도 중요하지만 표현 자체를 즐길 수 있으면 더 좋습니다.

둘째는 '소통'의 욕구입니다. '소통' 역시 유튜브의 핵심입니다. 유튜브로 계속 자신을 표현하다 보면 나와 유사한 관심을 가진 사람들을 만나게 됩니다. 그렇게 소통을 해나간다면 의미 있는 만남이 이루어집니다. 이렇게 건강한 소통이 이루어지면 좋은데, 종종 악플로 크리에이터에게 상처를 주는 일이 많이 일어납니다. 그런 악플은 크리에이터에게 큰 트라우마를 남기고 자기검열을 하게 만들게 됩니다. 그래서 많은 인기 크리에이터들이 그런 악플로 인해서 점점 표정이 어두워져가는 것을 볼 때면 안타깝습니다. 더 건강한 소통이 이루어질 때에 크리에이터들이 더 적극적으로 자신의 노하우를 공유하고, 또 함께 성장해갈 수 있으리라 생각합니다.

셋째는 '정보전달'의 목적입니다. 지식이나 정보를 나누어줌으로써 행복을 누리는 사람이 있습니다. 웬만한 유료 교육기관보다 더 알찬 강의 콘텐츠를 만날 때면 너무 고마운 생각이 듭니다. 유튜브를 통해서 살아있는 교육을 누리고, 배움의 즐거움을 느낄 때가 많습니다. 저 역시도 유튜브 강의로 제 인생의 전환점이 많이 일어나기도 했습니다. 제가 유튜브로 좋은 정보를 얻은 것처럼 남들에게 가장 좋은 것을 나누기 위해 노력합니다. 유튜브 크리에이터는 기본적으로 '기버giver'가 되어야 합니다. 좋은 생각들, 좋은 정보를 나누는 사람이 되어야 합니다. 짧은 생각으로는 내 것을 빼앗기는 것 같지만, 오히려 그런 태도가 나를 성장시키고, 세상을 더 아름답고 성숙하게 만드는 원동력이 됩니다. 한국 사회가 이렇게 성숙한 시민 의식을 갖게 된 것도 저는 수많은 크리에이터가 지식의 나눔을 실천했기 때문이라고 생각합니다.

넷째는 '자기 효능감'입니다. 유튜브의 긍정적인 효과 중 하나가 바로 자기 효능감입니다. 콘텐츠를 기획하고 제작하고 공유할 때 누리는 성취감이 굉장히 큽니다. 나를 더 이해하게 되고, 더 존중하게 되는 기회가 되기도 합니다. 그래서 유튜브를 시작하는 것을 추천합니다. 평생 남에게 맞추어주며 살았던 사람이 유튜브를 통해서 효능감을 느끼고, 제2의 인생을 살게 된 모습을 보면 감동스럽습니다. 여러분들도 그 주인공이 될 수 있습니다.

다섯째는 '자기 브랜드'를 위해서입니다. 유튜브를 하게 되면 개인사업을 하는 사람들이나 자신의 콘텐츠를 홍보해야 하는 사람에게 큰 도움이 됩니다. 어떤 거대한 기업에 의존하지 않고 한 개인이 '자신의 콘텐츠를 유통할 수 있다'라는 것은 매우 혁명적인 일이고, 또 그것이 산업 구조를 더 건강하게 만들기도 합니다. 그런 점에서 나를 브랜드화 하기 위해 유튜브를 시작하는 것도 아주 좋은 동기라고 할 수 있습니다. 여러분은 어떤 동기로 유튜브를 시작하시려고 하나요?

유튜브 플랫폼이 한 때의 유행으로 그치지 않고, 이렇게 오래도록 성장하고, 최고의 플랫폼이 될 수 있었던 이유는 이런 인간의 본질적인 속성과 잘 맞닿아있기 때문입니다.

"편집은 마치 시를 쓰는 것과 비슷하다.

숏이라고 하는 언어를 배열하는 과정이기 때문이다."

김창주 편집감독

CONTENTS
PRODUCTION
CREATIVE

Chapter 5

아무도
가르쳐주지 않는
편집의 비밀

크리에이터에게 편집의 과정은 매우 흥미로운 과정입니다. 촬영 단계에서는 이번엔 망했다고 생각했는데, 종종 편집을 통해서 나의 콘텐츠가 빛나는 경우가 있는데 그럴 때에 희열이 느껴집니다. 영상 콘텐츠는 매 단계마다 새롭게 재창조됩니다. 콘텐츠 제작에 있어서 기획과 촬영과 편집, 모든 단계는 중요합니다. 그렇기 때문에 크리에이터는 모든 과정에서 집중하고 에너지를 다 쏟아내어야 합니다. 그리고 모든 과정을 즐겨야 합니다. 일반 방송국은 협업을 통해서 제작을 하기에 나에게 주어진 역할만 하면 되지만, 유튜브 콘텐츠는 대부분 1인 제작 시스템이기 때문에 모든 과정을 즐길 수 있는 사람이 오랫동안 콘텐츠를 만들 수 있는 것 같습니다.

　현재 가장 많이 사람들이 사용하는 편집 프로그램은 '프리미어 프로'와 '파이널컷프로'일 것입니다. 그리고 최근에 '다빈치 리졸브'를 사용하는 사람이 늘고 있고, 스마트폰으로 편집을 하는 사람은 '키네마스터' '블로' '캡컷' 같은 어플을 활용합니다. 이 중에서 자신에게 잘 맞는 툴을 사용하면 됩니다. 너무 욕심을 부려서 어려운 툴을 사용하게 되면 금방 포기하게 될 확률이 크기 때문에 편집의 재미를 붙이기 위해서는 스마트폰 편집을 해볼 것도 추천 드립니다. 저의 경우에는 프리미어 프로와 파이널 컷프로, 2가지를 많이 쓰는데, 최근에는 프리미어를 더 많이 사용하고 있습니다. 그리고 비전공자 대상 교육을 할 때에는 키네마스터 앱을 활용하고 있습니다. 스마트폰 앱을 통해서 모든 사람이 편집을 배울 수 있는 시대가 되었다는 것이 참 놀랍다는 생각을 많이 합니다. 예전에는 영상편집을 배우려면 무조건 프리미어나 파이널 프로를 공부해야 하다 보니 진입장벽이 너무 높았죠. 하지만 이제는 누구나 편집의 과정을 체험할 수 있게 됩니다. 편집을 경험하면 창작의 기쁨이 몇 배로 높아지고, 영상을 감상할 때에도 큰 도움이 됩니다.

영상 편집의 기본 세팅

어떤 툴을 쓰든 인터페이스는 유사합니다. 그래서 하나의 편집 툴을 잘 익히면 다른 툴도 쉽게 배울 수 있죠. 그래서 모든 편집 툴에서 공통적으로 적용되는 세팅들을 살펴보겠습니다.

화면 비율

첫째는, 바로 '화면 비율'에 대한 이야기입니다. 어떤 편집 툴이든 초반에 화면 비율을 정하고 가는 것이 대부분이라, 이 부분을 대충하고 넘어가서는 안 됩니다. 최종적으로 유튜브나 스크린에 상영할지, 아니면 숏츠나 틱톡tiktalk로 공유할지에 따라서 다른 화면 비율이 적용됩니다. 가장 기본적으로 많이 사용하는 화면 비율은 16:9로 진행을 하면 될 것입니다. 우리가 보는 대부분의 모니터와 스크린은 가로로 긴 형태입니다. 노트북도 그렇고, TV도 그렇고, 극장 스크린도 그렇죠. 그런데 요즘은 또 소셜 미디어에서 영상으로 마케팅을 하는 것이 유행이자 대세이기도 하죠. 틱톡tiktalk이나 유튜브 숏츠shorts는 세로 화면 비율로 이루어집니다. 그것은 스마트폰으로 보는 것을 전제로 하기 때문이죠. 스마트폰으로 영상을 볼 때는 세로로 보는 것이 더 자연스럽다 보니, 가로 영상보다 더 파급력이 있게 공유됩니다. 세로 영상은 편의성을 넘어서서 그 나름의 미학이 있습니다. 가로 영상이 공간과 사람을 함께 담아내기에 유리하다면, 세로 영상은 한 명의 사람을 담아내는 데 유리합니다. 그래서 혼자서 짧게 토크를 하거나, 혼자 춤을 추는 영상은 세로 영상에서 더 잘 담아지는 경향이 있습니다.

해상도

영상 촬영과 편집에서 적절한 해상도를 유지하는 것은 중요합니다. 해상도는 화면에 담긴 픽셀pixel의 수를 이야기합니다. 픽셀은 '이미지를 구성하는 가장 작은 단위'라고 할 수 있는데, 그것의 양이 많을수록 화질이 좋게 보일 것이고, 픽셀의 수가 적으면 용량은 가볍지만 화질이 좋지 않습니다. 요즘 카메라는 다 해상도가 높고, 심지어 스마트폰도 고화질로 촬영이 가능합니다. 종종 스마트폰으로 촬영을 하면 해상도가 낮다고 오해하는 경우가 있는데, 그것은 소셜 미디어로 공유를 자주 하기 때문입니다. 아무래도 카카오톡과 같은 소셜미디어는 빠르게 공유하는 것이 목표이다 보니, 원래의 해상도에서 많이 압축이 된 형태로 변질됩니다. 그러면 처음 촬영했던 화질보다 안 좋게 되는 것이죠. 그래서 편집을 할 때에는 촬영 소스를 잘 옮기는 것이 중요합니다. 급하다고 해서 카카오톡으로 촬영소스를 옮기면 안 되겠죠?

가장 많이 사용하는 해상도는 1920×1080입니다. 흔히 FHD라고 부르는 해상도이죠. 200만 화소입니다. 이 정도는 기억하고 외워두는 것이 좋습니다. 가장 자주 사용되는 해상도이기 때문입니다. 그리고 우리가 만드는 영상도 이 정도로 유지하면 좋습니다. 물론 요즘은 스마트폰도 4K라고 하는 더 고해상도 촬영이 가능하기도 합니다. 하지만 무조건 고해상도로 촬영하는 것이 좋지만은 않습니다. 왜냐하면 편집에서 그것을 감당하기 어려울 수도 있기 때문입니다. 전문 프로덕션이야 괜찮지만, 이제 영상을 시작하는 사람은 컴퓨터 사양이 부족할 수도 있기에 4K로 찍은 영상이 제대로 작동이 되지 않을 수 있습니다. 그러면 편집시간이 더 오래 걸리게 됩니다. FHD 정도면 대부분의 노트북이나 스마트폰에서도 편집이 충분히 가능하면서도 큰 스크린에 상영을 해도 적절합니다.

프레임 레이트 frame rate

영상 편집을 하다 보면 '프레임 레이트'라는 단어를 자주 접하게 됩니다. 이를 이해하기 위해서는 동영상이라고 하는 것이 '사진의 연속된 재생'이라는 것을 알 필요가 있습니다. 영상에서 정지된 한 장의 이미지를 프레임frame이라 부릅니다. 그래서 프레임레이트라고 하면 '1초당 몇 장의 사진으로 이루어졌는가'를 말합니다. 사진과 사진 사이에 여백이 있으나, 관객들은 이를 인식하지 못하고 자연스러운 동영상으로 인지하게 됩니다. 과거 필름 영화 시절에는 1초에 24장의 프레임이 지나갑니다. 그런데 디지털카메라는 주로 1초에 30프레임이 재생됩니다. 프레임 수가 너무 적으면 영상이 자연스럽지 못한 결과가 나타나고, 프레임 수가 많으면 부드럽게 표현됩니다. 그래서 CG가 많은 영화는 부드러운 표현을 위해 60프레임을 사용하기도 합니다. 종종 디지털 작업을 하면서 필름 느낌을 주기 위해 24프레임으로 설정하는 경우도 종종 있습니다. 그 이하로 내려가면 안 됩니다. 과거에 한 감독이 영화 러닝 타임을 줄이기 위해 모든 숏의 프레임 수를 하나씩 빼는 시도를 했다가 영화가 엉망이 되어 다시 돌려놓았다는 에피소드가 있습니다. 최소 24프레임 이상으로 설정이 되어야 자연스러운 동영상으로 재생이 됩니다.

편집과 영상 언어

영상 편집을 잘 하기 위해서 당연히 디지털 용어를 알아두면 큰 도움이 되지만, 역시나 영상 언어를 알아두는 것도 중요합니다. 촬영과 마찬가지로 편집 단계에서도 영상 언어를 가지고 서사와 의미를 재창조하는 작업이기 때문이죠.

① 영상의 단위

영상은 숏, 씬, 시퀀스, 스토리의 단위로 이루어집니다. 이 요소들은 촬영 때에도 구분이 되지만, 편집을 통해서 새롭게 창조되고 구분이 무의미해지기도 합니다. 그래서 편집 단계에서 다시 한 번 영상의 단위를 생각해보는 것이 중요합니다.

촬영 때의 숏의 개수와 편집 후의 숏의 개수는 차이가 생깁니다. 촬영 때 한 컷으로 찍었지만, 편집에서 2개 이상의 숏으로 분할해서 사용할 수 있는 것이죠. 물론 반대로 촬영 때 찍은 숏을 편집 때 사용하지 않는 경우도 있기는 합니다. 그리고 촬영 때와 마찬가지로 '씬scene'은 공간의 개념입니다. 편집의 단계에서 '씬'을 다시 한번 배워야하는 이유는 씬scene에 따라서 사운드 엠비언스와 색보정이 일관성을 가져야하는 이유 때문입니다. 촬영 단계에서는 이 부분까지 생각할 겨를이 없습니다. 정해진 숏들을 빨리 찍는데 바쁘기 때문이죠. 한 공간에서 촬영을 했다 하더라도 그 순간의 빛의 변화와 소음의 변화로 인해서 편집을 했을 때 자연스럽지 못한 경우가 많습니다. 그래서 편집 때 씬scene별로 사운드와 색보정이 일관성을 갖도록 기본 디자인을 하는 것이 중요합니다. 시퀀스는 하나의 이야기 단락입니다. 편집을 할 때 보통 시퀀스별로 편집을 하는 경우가 많습니다. 영상 전체를 한 번에 한 트랙에 두면 너무 길어서 실수가 생길 확률이 있기 때문에 시퀀스별로 나누어서 편집을 하는 것이죠.

② 화면의 사이즈

화면의 사이즈 역시 촬영 수업 단계에서 배웠습니다. 가까이 찍는 숏인 클로즈업부터 시작해서, 바스트숏, 웨이스트숏, 니숏, 풀숏, 롱숏까지 차례로 배웠습니다. 편집에서 중요한 것은 이런 다양한 사이즈를 잘 활용하는 것입니다. 너무 비슷한 사이즈의 숏을 연결하는 것보다는 사이즈의 변화를 주면서 연결할 때에 영상 퀄리티가 좋습니다. 풍경을 보여주는 씬scene이라고 하면, 전체 풍경을 보여주는 풀숏이나 롱숏이 나오고, 이후에는 꽃이나 인물을 가까이서 보여주는 숏이 들어가면 좋겠죠.

③ 화면에 잡히는 사람의 수

프레임 안에 몇 명의 사람이 보여지는가에 따라서 '원숏' '투숏' '쓰리숏' '풀숏'이라는 용어를 많이 씁니다. 역시 너무 풀숏만 찍으면 화면이 재미없어질 수 있기 때문에, '원숏' '투숏' '쓰리숏'을 적절히 배치하는 게 좋겠죠. 가령, 아이돌의 댄스를 찍은 장면을 보면 이해가 쉽습니다. 그룹 전체를 보여주는 풀숏을 보여주고, 또 그룹 멤버 한 명 한 명을 보여주는 '원숏'도 자주 사용됩니다. 그래야 전체 댄스도 즐기고, 또 원숏으로 갈 때에는 좋아하는 가수의 표정을 보면서 더 친밀함을 느끼고 만족감을 느낄 수 있기 때문이죠.

④ 컷 어웨이cut away

흔히 숏과 숏을 연결할 때 다른 피사체를 보여줌으로써 자연스러운 연결이 가능하게 하는 숏을 '컷 어웨이 숏'이라고 부릅니다. 종종 편집을 할 때 이 개념을 몰라서 결과물이 어설프게 나오는 경우가 많이 있습니다. 이것을 알면 때론 촬영한 것 이상의 상징과 자연스러움을 얻어낼 수 있죠. 가령, 두 인물이 대화를 하는 장면을 찍는데, 새로운 인물이 등장한다고 했을 때, 그 새로운 인물을 잠깐 보여주는 것을 '컷 어웨이 숏'이라 할 수 있겠습니다. 그런 숏의 연결을 통해서 새로운 인물이 들어오는 것이 자연스러워지고, 또 화면 구성 역시 단조로움에서 벗어날 수 있는 장점이 있습니다.

⑤ 매치 컷

매치 컷은 두 장면을 시각적으로 유사한 요소를 활용하여 연결하는 것을 말합니다. 그러면 씬의 연결이 더 세련되게 느껴집니다. 영화에서 가장 유명한 매치 컷의 사례는 〈2002년 스페이스 오딧세이〉입니다. 한 유인원이 뼈를 공중으로 던지면, 다음 컷에서 뼈와 모양이 비슷한 우주선이 보입니다. 두 컷은 수만 년을 뛰어넘지만, 어색하지 않습니다. 매치 컷이 자연스럽게 만들어지기 위해서는 촬영 전에 콘티로 계획을 하는 것이 좋습니다. 박찬욱 감독이 매치 컷을 잘 활용하는데, 〈공동경비구역 JSA〉를 보면 바닥의 동그란 기호 표시와 위에서 본 우산의 동그란 이미지가 매치 컷으로 연결되며 시간의 변화를 고급스러운 숏 바이 숏으로 보여줍니다.

▶ 편집의 순서

이제 본격적으로 영상편집이 실제 이루어지는 과정을 살펴보도록 하겠습니다. 효율적인 편집을 위해서 다음과 같은 순서로 작업을 하기를 추천드립니다. 러프 편집, 가편집, 종편(색보정, 자막과 효과 넣기), 사운드 편집입니다. 그럼 하나씩 살펴보도록 할까요?

러프컷: 러프 편집 OK 컷과 NG 컷 구분하기

영상 편집에서 가장 먼저 이루어지는 일은 촬영한 소스에서 OK 컷과 NG 컷을 구분하는 일입니다. 여러 개의 숏을 찍었을 것이고, 또 때로는 같은 숏을 여러 번 찍는 일도 많습니다. 특히나 드라마나 광고같이 배우가 연기를 하는 콘텐츠는 촬영과 조명과 배우의 합이 잘 맞아야 하기 때문에 같은 숏을 여러 번 찍게 되죠. 그러면 그중에서 OK 컷과 NG 컷을 구분하는 것이 편집의 첫걸음입니다. 이 과정이 쉬울 것 같지만 생각보다 어렵습니다. 물론 대사를 까먹거나 웃는 등 실수한 것이 명확한 경우도 있지만 그렇지 않은 경우도 의외로 많습니다. 프로의 작업에서는 결과물이 크게 차이가 나지 않을 때가 많습니다. 대부분 다 좋은데, 그중에서 가장 베스트 컷을 찾아야 하기 때문에 어려운 것이죠. 종종 거장이라 불리는 감독들은 테이크take를 여러 번 가기도 합니다.

데이빗 핀처 감독은 하나의 숏을 100번 넘게 찍었다는 촬영 에피소드가 있죠. 집요하게 최상의 장면을 얻어내기 위함입니다. 하지만 일반적인 영상에서 그렇게 작업하는 것은 무리가 있습니다. 정해진 스케줄 안에 촬영을 끝내는 것도 중요한 능력입니다. 촬영 시간을 단축하면서도 좋은 장면을 얻는 유일한 방법은 리허설을 하는 것입니다. 촬영 전에 감독과 배우들이 함께 모여서 리허설을 많이 하면 촬영 현장에서 훨씬 여유가 생기고 빠른 진행이 가능합니다.

그리고 한 가지 더 추가 팁을 드리면, 실수를 했다고 무조건 나쁜 컷이라고 생각하면 안 된다는 것입니다. 때로는 촬영 현장에서 일어나는 갑작스러운 변수가 오히려 장면에 생동감을 주고, 묘한 재미를 줄 수 있기 때문이죠. 종종 감독들은 현장에서 NG로 여겨진 것을 최종본에 넣곤 합니다. 편집은 결코 기계적으로 이루

어지는 일이 아닙니다. 편집감독도 작가나 감독이라 불리는 것도
다 이유가 있는 것이죠.

가편: 컷 편집(스토리텔링)

오케이컷을 선택했으면 그것을 배열하는 것을 '가편집'이라고 합
니다. 여기서 기억해야 할 것은 그저 찍은 순서대로 배열하는 것
이 아니라, 스토리텔링을 해야 한다는 점입니다. 촬영한 클립들을
어떤 순서로 배열하느냐에 따라서 이야기가 달라집니다. 또 컷과
컷 사이에 전혀 상관이 없는 이미지를 넣음으로써 새로운 의미가
만들어지기도 합니다. 그렇게 사이에 들어가는 것은 '인서트insert'
라고 합니다. 가편이 수정할 것이 없을 만큼 완벽해야 이후의 과
정이 순조롭게 진행되기에 중요합니다. 가편이 불완전하면, 이후
에 힘들게 만든 CG나 음악을 사용하지 못할 수도 있기 때문입니
다. 가편이 완벽해야 이후의 과정에서 진행하는 창작자들이 더
수월하게 작업을 할 수 있게 됩니다. 그래서 긴 시간 여유를 갖고
이루어지는 것이 좋습니다.
　보통 장편영화의 경우는 1,000~2,000컷 정도의 숏으로 스토리

텔링을 만들어내어야 하고, 일반적인 단편영상과 광고, 기업 홍보 영상은 훨씬 짧게 이루어져있습니다. 컷 편집은 단순히 기계적인 작업을 넘어서 예술적인 작업입니다. 영상의 구조를 만들어내고, 시간의 조작을 통해서 스토리텔링과 의미부여가 이루어집니다. 편집에 대해서 제가 가장 좋아하는 명언은 이것입니다. "항상 최소한의 것으로 최대의 효과를 얻도록 노력하라. 암시하는 것이 설명하는 것보다 더 효과적이다."

숏shot의 길이에 따라서, 그리고 숏의 배열에 따라서 스토리와 영상의 의미가 바뀌고, 한 끗 차이로 재미와 지루함을 결정지을 수 있기 때문에 컷 편집을 절대 대충 해서는 안 됩니다. 컷 편집을 즐길 수 있는 사람이 좋은 크리에이터이자 편집자가 될 수 있을 것입니다. 물론 유튜브 편집은 컷 편집이 노동처럼 느껴지기도 할 것입니다. 실수한 부분, 여백들을 다 잘라내는 작업을 해야 하기 때문이죠. 저 역시도 한 시간가량 촬영한 소스를 15분 정도만 남기고 잘라낼 때 귀찮은 마음도 많이 듭니다. 그런데 브이로그나 단편영화 편집을 할 때에는 또 느낌이 다릅니다. 예술을 하는 느낌이 드는 것이죠. 여러분도 다양한 장르의 편집을 경험해보길 바랍니다.

종편: 색보정, 자막과 효과 넣기

더 이상 컷편집에서 수정할 것이 없으면 종편으로 넘어갑니다. 이 과정에서는 색보정와 자막과 효과를 넣습니다. 기술적으로 난이도가 높은 단계이지만, 편집 툴이 점점 직관적으로 사용할 수 있게 변하면서 누구나 적용할 수 있게 되었습니다.

자막의 중요성은 점점 커지고 있습니다. 특히 유튜브와 같은 정보와 예능이 합쳐진 콘텐츠는 자막이 어떻게 활용되느냐에 따라 전달력이 달라지곤 하죠. 이렇게 자막이 영상 콘텐츠에 적극적으로 활용된 것은 〈무한도전〉 때부터였습니다. 마치 만화처럼 인물을 캐릭터화하고 자막을 통해 인물의 속마음을 엿보는 듯한 느낌을 주어 영상이 주는 효과 이상의 재미를 가져다줍니다. 남이 만든 영상을 재미있게 보는 일은 쉽지만, 직접 콘텐츠를 만들다 보면 그 과정이 얼마나 길고 힘든지를 알 수 있습니다. 특히 자막을 하나하나 넣는 것이 보는 것만큼 쉽지 않습니다. 그러나 직접 콘텐츠를 만들어보는 것은 가장 큰 배움의 기쁨을 만끽할 수 있을 것입니다.

사운드 편집

    우리는 흔히 이미지에만 신경을 쓰느라 사운드를 놓치는 경우가 많은데 그렇게 되면 좋은 결과물을 얻어낼 수가 없습니다. 영상에서 사운드가 가지는 비중이 생각보다 크기 때문입니다. 우리의 머릿속에 떠오르는 명장면을 다시 찾아봅시다. 그리고 거기서 사운드를 없앤다면 어떨까요? 매우 밋밋한 장면이 된다는 것을 깨달을 수 있을 것입니다. 그만큼 사운드가 중요합니다. 종종 아마추어는 영상을 찍으면 사운드는 자연스럽게 따라오는 것이라 생각합니다. 그건 아주 큰 오해입니다. 사운드는 별도로 치밀하게 계산해서 녹음을 해야 좋은 소리를 얻을 수 있습니다.

    미디어 사운드라고 하면 크게 3가지를 이야기합니다.
    첫째는 '대사' 둘째는 '음악' 셋째는 '효과음'입니다. 이 3가지 요소를 적절하게 조율하는 것이 바로 사운드 편집과정이라고 할 수 있습니다. 그리고 이 3가지가 완료되면 수정(마스터링)을 거쳐서 사운드가 완성됩니다.

    ① 대사dialog
    우선 대사가 잘 들려야 한다는 것은 누구나 쉽게 생각할 수 있습니다. 요즘 스마트폰은 오디오 기능도 개선이 많이 되어서 방음

이 잘되는 집에서 촬영을 하게 되면 녹음도 꽤 잘됩니다. 하지만 대사가 있는 드라마나 토크 방송을 하고자 한다면 더 좋은 마이크를 사용하기를 추천드립니다. 마이크는 크게 다이나믹 마이크와 콘덴서 마이크로 구분을 하는데, 방음시설이 잘 갖추어진 스튜디오에서 촬영을 할 경우에는 콘덴서 마이크를 추천하고, 그렇지 못한 경우에는 다이나믹 마이크를 사용할 것을 권합니다. 현장에서 소음이 너무 커서 대사가 잘 들리지 않으면, 후시녹음(애프터 리코딩after recording)을 해야 합니다. 후시녹음을 할 때는 촬영본에서의 입 모양과 잘 맞추는 것이 중요합니다. 그것을 씽크를 맞춘다고 합니다. 헐리우드 영화는 깨끗한 사운드를 위해 대부분 후시녹음을 합니다.

② 음악

음악은 영상에 감정을 부여하기도 하고, 또 지루한 요소를 줄이는 역할, 장면과 장면을 자연스럽게 연결시켜주는 역할 등 다양한 용도로 활용됩니다. 특히나 브이로그나 드라마같이 감정이 중요한 콘텐츠일수록 음악의 비중은 클 것이고, 정보를 전달해주는 것이 중심이 콘텐츠라면 음악은 보조적인 역할로 활용되겠죠. 분명한 것은 음악은 영상의 심장과도 같은 역할을 할 때가 많다는 점입니다.

③ 효과음

현장음이 장면을 더 풍요롭게 할 수 있다는 것을 기억해야 합니다. 사람들의 걸음소리, 아이의 울음소리, 경찰차 소리 등 일상의 작은 소리들이 장면에 더 현실감을 주고, 몰입하게 하는 중요한 요소가 되곤 합니다.

④ 수정: 최종 수정 후 음악 작업, 마스터링

영상 편집이 끝나면 마지막 수정을 하고, 비로소 음악 작업을 하게 됩니다. 영상에 어울리는 곡을 배치하고, 영상의 소리와 음악이 잘 조화를 이룰 수 있도록 볼륨을 조절합니다. 그리고 영상으로 출력을 하면 완성이 됩니다.

꼭 알아야 할 편집의 몇 가지 기준

흔히 편집이라고 하면 나쁜 부분을 잘라내는 것으로 이야기를 합니다. 내가 실수한 부분을 잘라내는 것, 혹은 마음에 들지 않는 부분을 잘라내는 것.

하지만 그것이 편집의 전부일까요? 실수한 것을 잘라내는 창의성이 전혀 필요 없는 과정일까요? 그렇지 않습니다. 편집은 기본적으로 기술적인 일이긴 하지만, 그 과정에서 창의성이 필요합니다. 매뉴얼을 잘 익히는 것도 중요하지만, 그것이 편집의 전부는 아니라는 것입니다.

"편집은 마치 시를 쓰는 것과 비슷하다.
숏이라고 하는 언어를 배열하는 과정이기 때문이다."

영상편집은 의외로 예술적 감수성이 필요한 일입니다. 그것은 마치 시를 쓰는 과정과 같은 일이죠. 시는 문자 언어의 선택과 배열로 작품을 만드는 것이라면, 영상은 숏이라는 영상 언어의 선택과 배열로 작품을 만들어냅니다. 그 기본적인 과정이 편집 예술의 핵심입니다. 가령, 저는 단편영화에서 한 인물이 공원에서 벌어지는 일을 만든 적이 있는데, 중간에 인서트 숏으로 나비가 날아다니는 장면을 클로즈업으로 넣으면서, 이 공원의 장면이 꿈인지 현실이지 모호한 의미를 만들어낼 수 있었습니다. 그런 모호함이 영상작품의 텍스트를 더 다양하게 해석 가능하게 만들 수 있습니다. 이처럼 편집은 내가 찍은 숏들을 음악에 맞추어 배열하고 끝내는 것이 아니라, 그 배열에 있어서 자신의 예술적 감수성이 요구됩니다.

우리는 편집을 하면서 끊임없이 결정하는 것은 3가지입니다.

1) 무슨 숏을 쓸 것인가?
2) 숏을 어느 지점에서 시작할 것인가
3) 숏을 어디서 끝낼 것인가

숏shot은 그것이 드러내고자 하는 바를 충분히 드러낸 순간에 끊는 것이 가장 좋습니다. 숏을 너무 일찍 끊으면 열매가 설익었을 때 따는 것과 같습니다. 반대로 숏을 너무 오래 끌면 부패하기 쉽습니다. 물론 그 판단이 주관적인 것이라 선택하기가 쉽지 않겠지만, 수차례 검토하여서 가장 적절하게 컷의 위치를 잡아야 합니다.

종종 컷을 너무 많이 나누었을 때 영상이 산만하게 느껴질 때가 있습니다. 단순히 카메라 대수가 많고, 스피디하게 편집을 한다고 무조건 좋은 것은 아니라는 말입니다. 저는 영화에 비해서 TV 드라마는 적게 보는 편인데, 그 이유는 숏의 선택과 배열에 있어서 고민이 부족하다는 느낌이 들기 때문입니다. 아무리 영상미가 예쁘고, 드라마의 소재가 흥미롭다 할지라도 숏의 선택과 배열에 있어서 고민이 부족한 작품은 보기 어려워합니다. 물론 그것은 제작 환경과도 연관되어 있습니다. 드라마는 영화처럼 스케줄상 창작자가 깊게 고민할 여유가 없다 보니 여러 대의 카메라로 찍고 나서 편집 단계에서도 지루하지 않도록 빠른 컷 편집으로 이루어지는 것이 일반적입니다. 이야기를 잘 전달하는 게 가장 중요하기 때문이죠. 하지만 영화는 그 이상의 미학적 고민을 해야 합니다.

너무 예상 가능한 장면 연출은 저에게는 재미가 덜한 것 같습니다. 뻔한 장면이라도 그것이 뻔하게 보이지 않도록 한 번 더 고민한 지점이 있는 영상이 좋습니다. 대부분 좋은 영화들이 그렇죠. 유튜브에서 많은 브이로그 콘텐츠가 예쁘게 찍는 데에는 뛰어나지만, 예술작품으로 여겨지지 않는 이유가 그것입니다. 편집에 대한 제가 가장 좋아하는 명언은 이것입니다.

"항상 최소한의 것으로 최대의 결과를 얻도록 노력하라…

암시하는 것이 설명하는 것보다 더 효과적이다."

　종종 우리는 더 많이 보여줘야 할 것 같은 유혹을 받습니다. 초보 연출자들은 콘티도 없이 카메라 여러 대를 가지고 엄청나게 찍습니다. 인물의 동선의 연결을 다 더블액션으로 찍으려고 하고 모든 장면을 상세하게 설명하려듭니다. 그렇게 되면 정작 중요한 장면에서 관객들이 지칠 수가 있습니다. 상상력을 제한하고, 관객들을 방관자로 만드는 것입니다. 오히려 무언가 압축되어있을 때에 시청자들의 참여를 불러일으키는 콘텐츠가 됩니다.

　그러면 제가 유튜브 콘텐츠를 제작하고, 다른 분들의 콘텐츠를 분석하면서 깨달은 편집에서 고려해야 할 요소를 이야기해보겠습니다.

첫째, 리듬

　유튜브 편집에서 가장 중요한 요소 첫째는, '리듬'입니다. 영화 편집이나 다른 매체의 편집에서도 그렇지만, 유튜브 콘텐츠에서는 '리듬'이 아주 중요하게 작용됩니다. 숏과 숏의 연결의 매끄러

움도 중요하지만, 더 중요한 것은 리듬입니다. 대부분의 유튜브 콘텐츠는 점프 컷jumt cut[11]으로 연결이 됩니다. 드라마나 영화처럼 더블액션으로 마치 편집이 없는 것처럼 느껴지도록 콘티뉴이티를 설계해서 촬영편집이 이루어지지는 않습니다. 그런 가운데 중요한 요소로 자리 잡는 것이 바로 '리듬'입니다. 이 리듬에서 유튜브는 기존의 레거시 미디어와 차별성을 갖습니다. 기본적으로 유튜브는 리듬이 빠른 편입니다. 일반적인 예능 프로에서의 편집 리듬보다 편집의 리듬이 빠릅니다. 그래서 유튜브의 리듬에 익숙한 세대는 텔레비전 프로그램을 지루해하는 것이고, 텔레비전에 익숙한 세대는 유튜브는 정신없고 전혀 이해할 수 없다고 이야기합니다. 저 역시도 유튜브를 처음 접할 때 이 리듬 때문에 적응하는 데 시간이 걸렸습니다.

유튜브 플랫폼 안에서는 유튜브의 규칙을 따라주는 것이 훨씬 효과적입니다. 유튜브 영상을 만들면서 느림의 미학을 추구한다면 정말 촬영을 잘하지 않는 이상 사랑받기기 쉽지 않을 것입니다. 컷 편집을 할 때에 좀 더 빠른 리듬으로 편집을 할 것을 조언해드립니다.

컷의 연결이 자연스럽지 않다 하더라도 좀 빠른 리듬으로 리드미컬하게 진행되는 것이 유튜브 콘텐츠의 매력이기도 합니다. 물

---

11 컷과 컷이 자연스럽게 연결되지 않고, 편집점이 보이게 연결되는 것을 '점프 컷'이라고 흔히 부릅니다.

론 가장 좋은 것은 나만의 리듬을 찾는 것입니다. 내 콘텐츠에 가장 적합한 리듬으로 편집을 하는 것이 중요합니다.

둘째, 자막

유튜브 콘텐츠에서 자막이 차지하는 비중은 다른 장르의 매체에 비해서 훨씬 큽니다. 저 같은 경우에는 먼저 영화로 시작을 했는데, 영화에서는 자막 사용이 아주 절제되어있습니다. 자막을 남용하면 싸구려 영상으로 여겨지기도 했습니다. 이미지로 모든 것을 이야기하고, 다양한 해석이 가능하도록 열어놓는 것이 고급스럽게 느껴지는 것이죠. 방송프로그램에서 역시도 과거에는 자막이 진행자의 이야기를 그대로 옮겨 넣는 것에 불과했습니다. 하지만 무한도전이라고 하는 프로그램을 통해서 자막의 활용이 중요하게 여겨지기 시작했습니다. 단순히 진행자의 이야기를 받아 적는 것을 넘어서서 때로는 인물의 속마음을 표현해주기도 하고, 진행자가 놓쳤던 정보를 주기도 하고, 스토리텔링을 부여하기도 합니다. 그것이 프로그램의 재미를 향상시키는 것이 입증되었고, 지금은 모든 방송에서 자막의 역할이 중요해졌죠. 유튜브 같은 경우에는 촬영 소스가 약한 경우가 많기에 자막이 더 적극적으로 사용되어지는 경우가 많습니다.

인기 있는 콘텐츠들은 대부분 편집의 리듬뿐 아니라, 자막의 활용도 뛰어납니다. 기존의 방송에서 한 번도 본 적이 없는 자막의 형태들이 재미를 줍니다. 어찌 보면 유튜브 콘텐츠가 굉장히 창의적이라는 생각이 듭니다. 그저 평범한 한 개인이기에 과소평가되는 것이지, 사실 천재적인 미디어 스토리텔러들이 많습니다. 유튜브에서 자막은 보조 역할이 아닌, 중심 요소에 들어간다는 사실을 기억하면 좋겠습니다.

셋째, 감정

동영상 편집에서 중요한 것은 '감정'입니다. 콘텐츠에 감정이 담겨있지 않고, 드라이하게 정보 전달만 이루어진다면 재미있는 콘텐츠가 되기 어려울 것입니다. 단순히 실수하지 않고 방송을 하는 것보다 때로는 나의 실수가 담겨있는 영상이 더 흥미로운 이유는 거기에는 나의 솔직한 감정이 담겨있기 때문입니다. 대부분의 인기 있는 콘텐츠는 '감정'이 담겨있습니다. 심지어 가장 감정이 필요 없을 것 같은 제품리뷰를 보아도, 인기 있는 크리에이터들은 감정을 담습니다. 가령, 언박싱하는 장면을 보면 그 제품을 바라보는 크리에이터의 표정이 아주 상세하게 담기죠. 만약에 콘텐츠 안에 감정이 없이 정보 전달만 원한다면 뉴스나 기사를 검색하는 것이 더 낫겠죠. 하지만 우리가 어떤 크리에이터의 영상을 계속 찾아보고 싶다면 그 콘텐츠 안에 감정이 담겨있기 때문일 것입니다. 그러므로 편집을 할 때에 그 부분을 고려하는 것이 좋습니다.

편집은 실수한 것을 잘라내는 것 이상의 작업입니다. 드라마 콘텐츠가 언제나 인기가 있는 이유는 감정 때문입니다. 사랑의 감정, 이별의 감정, 복수의 감정, 증오의 감정… 드라마는 인물의 가장 극대화된 감정을 담고 있기에 그 에너지가 시청자들에게 강렬하게 전달되기 마련입니다.

그리고 '음악' 역시 콘텐츠의 감정 전달을 돕는 역할을 합니다. 편집을 할 때에 음악이 빠지면 밋밋하고 드라이하게 느껴집니다. 미세하게라도 음악을 깔고, 상황에 따라 적절한 음악과 효과음을 삽입할 때에 영상에 탄력이 생기고 생기가 느껴집니다. 특히나 스피치가 좀 약한 분들이라면 음악의 도움을 더 많이 받는 것이 현명하겠죠.

넷째, 훅hook

조회수를 높이기 위해서 콘텐츠의 초반에 시청자들을 낚을 수 있는 훅hook이 있으면 좋습니다. 단순히 시간의 흐름에 따라 그대로 정직하게 보여주는 것이 아니라, 내가 만든 영상의 하이라이트를 먼저 보여주어 궁금증을 유발시킨 후에 다시 처음부터 시간 순서대로 보여준다면 더욱 클릭을 부르는 영상이 될 수 있을 것입니다. 유튜브 시청자들은 더욱 인내심이 부족해서 초반에 이 영상을 끝까지 볼지 말지 판단하기 마련입니다. 그래서 더욱 훅이 중요하죠. 처음 10초에 이 영상을 끝까지 볼만한 가치가 있다는 것을 증명해주어야 합니다.

다섯째, 주제

편집의 중요한 기준은 바로 '이야기와 주제'입니다. 때로는 촬영 때 계획했던 순서와 다르게 편집에서 재구성하는 경우도 있습니다. 장면의 순서를 바꿈으로써 더 이야기가 흥미로워질 수 있다면 그런 선택을 해야 하는 것이죠. 이야기는 하나의 주제를 향하기 마련입니다. 편집의 방향이 주제를 명확하게 드러내는 방식으로 편집이 이루어지면 좋습니다. 그래야만 버려야 할 컷과 남겨두어야 할 컷에 대한 더 분명한 판단을 할 수 있을 것입니다.

편집 과정은 재미있기도 하지만, 고되기도 합니다. 영화편집은 예술을 하는 느낌이라도 들지만, 유튜브 편집은 자칫 노동하는 느낌이 들 때가 많고, 크리에이터의 부족한 말솜씨를 자막과 CG로 메워야 하는 과정이 귀찮기도 합니다. 그래도 디지털 시대에 모든 사람이 편집을 할 수 있는 시대가 되었다는 것은 감사한 일입니다. 편집을 경험함으로써 영상 언어에 대해서, 영화예술에 대해서 더 잘 이해할 수 있기 때문입니다.

유튜브에 편집의 매뉴얼에 대한 영상은 넘쳐나지만 이렇게 본질적인 이야기를 하는 곳은 많이 없습니다. 이 책을 보면서 '편집이란 무엇인지' 곰곰이 생각해보길 바라고, 유튜브에 올라와있는 편집 툴 매뉴얼 영상들을 공부하시면 좋은 크리에이터가 될 수 있을 것입니다. 유튜브 '월간 작은숲'에서 스마트폰 편집앱인 '키네마스터kinemaster' 앱 활용법과 곰믹스 편집 매뉴얼, 그리고 프리리머프로 편집 매뉴얼 영상을 보실 수 있습니다.

유튜버를 넘어 브랜드가 되기

　나의 생각과 노트북만 있으면, 혹은 스마트폰만 있으면, 그곳이 바로 광고회사이고, 영화사이고 방송국입니다. 우리의 집 스튜디오입니다. 비싸고 화려한 방송국 스튜디오가 필요 없는 것이죠.

　유튜브의 시대는 창작자와 수용자의 경계를 허물고 모두가 수평적으로 살아가는 시대를 만들었습니다. 컴퓨터를 처음 만든 사람이 모두가 평등한 사회를 꿈꾸었고 실현한 결과, 우리는 모두가 창작자가 되는 기적 같은 시대를 살고 있습니다. 정보의 민주화가 이루어진 것입니다. 게다가 다양한 소셜 미디어 플랫폼은 사람들이 자유롭게 자신을 표현할 수 있고, 또 좋은 정보를 공유할 수 있는 너무 소중한 공간입니다. 그곳은 새로운 기회의 땅이 되어서 이전 세대에게 밀려 기회를 얻지 못한 젊은이들이 디지털 환경 속에서 새로운 기회들을 찾고 큰 성과를 낼 수 있게 되었습니다.

　그런데 동기가 왜곡되면 디지털 공간은 서로 자신이 이기기 위한 정글과 같은 곳이 됩니다. 자신이 승자가 되기 위해 남의 채널을 짓밟고, 구독자를 늘리기 위해 가짜뉴스를 퍼트리고, 자극적인 행동을 하고. 그렇게 되면 유튜브 원래의 의미를 잃는 것이고 우리 모두에게 너무 큰 손해입니다.

크리에이터라고 하는 말의 의미는 창작자입니다. 그 말의 의미처럼 콘텐츠 크리에이터들이 창작의 즐거움을 누릴 수 있는 사람이어야 합니다. 그래야 오래할 수 있습니다. 그리고 그런 좋은 창작자는 하나의 브랜드가 되어 돈도 벌면서 세상에 선한 영향력을 끼칠 수 있을 것입니다. 크리에이터는 기본적으로 나누는 사람입니다. 좋은 정보와 지혜를 나눔으로써 세상에 선한 영향을 끼치겠다는 소명의식이 느껴져야 합니다.

미래가 우리 앞에 왔습니다. SF영화에서나 보던 장면들이 현실이 되어 우리 앞에 펼쳐집니다. 급변하는 시대에 삶을 포기하지 않고 오히려 우리의 비전을 오히려 확장하는 계기가 되었으면 합니다. 디지털 환경이라고 하는 거인의 어깨 위에 서서 나만의 창의적인 삶을 설계하고 성공하는 인생의 전환점을 맞이하길 바랍니다. 대체 가능한 인간이 아니라, 대체 불가능한 창의적인 삶을 살길, 건투를 빕니다. 여러분 자신이 브랜드가 되기를 간절히 바랍니다.

CONTENTS
PRODUCTION
CREATIVE

부록

1. 나만의 기획안 만들기

영상 제목	
키워드	
카테고리(장르)	타겟
촬영 목록과 컨셉	
촬영내용 메모	

2. 구성안 및 대본 작성

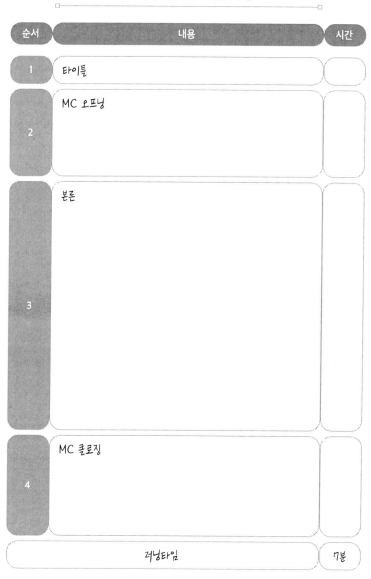

순서	내용	시간
1	타이틀	
2	MC 오프닝	
3	본론	7분
4	MC 클로징	
	러닝타임	7분

3. 영상 스토리보드 작성해보기

구성	Vedio	Audio
도입		
본론 1		
본론 2		
본론 3		
결말		

자료영상 '월간 작은숲'

4. 영화콘티

Transition				Day / Night	Location / open / Set
Scene		Shot		장소	
Image Size				Angle	
C. Moving					

Start

Dialogue & Action

End

Memo

Camera Work

Sound Effect

Music

Transition					Director	
Take No.	1	2	3	4	5	6
Timing						
·OK / NG						

5. 유튜브 크리에이터를 위한 소스 꿀팁

❖ PC 편집 프로그램

프리미어프로CC	월결제나 연결제	컷편집부터 사운드편집, 색보정까지 우수한 프로그램.
파이널 컷프로	1회 결제로 평생 사용	애플 컴퓨터에서 활용 가능. 고용량 편집도 버퍼링이 적음.
곰믹스/뱁믹스	무료/ 유료버전	무료로 활용 가능한 편집 프로그램. 자막 편집이 특히 유용함.

❖ 스마트폰용 영상 편집 앱 프로그램

키네마스트	무료/유료	편집의 가장 기본을 배울 수 있고, 기능이 PC 편집 툴 수준으로 활용 가능.
프리미어 러쉬	무료	프리미어 프로CC와 호환가능
블로VLLO	9900원 평생 이용	쉽게 다양한 효과를 넣을 수 있음
캡컷capcut	무료	틱톡과 같은 세로 콘텐츠 제작에 유용

❖ 무료 이미지/영상 구하는 사이트

픽사베이	www.pixabay.com	상업적 이용 가능한 다양한 이미지
프리픽	www.freepik.com	블로그 활용 이미지
언스플래시	www.unsplash.com	예술사진과 같은 고해상도 이미지

"우리가 살면서 해볼만한 가장 나은 일은
어떤 카메라든 집어들고

영화 한 편을 만들어보는 일이다."

스탠리 큐브릭